스스로 알아서 하는

# 하루 10분수학

계산편

## 하루10분수학(계산편)의 소개

스스로 알아서 하는 하루10분수학으로 공부에 자신감을 가지자 !!!
스스로 공부 할 줄 아는 학생이 공부를 잘하게 됩니다.
책상에 앉으면 제일 처음 '하루10분수학'을 펴서 공부해 보세요.
기본적인 수학의 개념과 계산력 훈련은 집중력을 늘리게 되고
이 자신감으로 다른 학습도 하고 싶은 마음이 생길 것입니다.
매일매일 스스로 책상에 앉아서 연습하고 이어서 할 것을 계획하는 버릇이 생기면
비로소 자기주도학습이 몸에 배게 됩니다.

②단계
1학년 2학기
과정

## 하루10분수학(계산편)의 활용

1. 아침 학교 가기 전 집에서 하루를 준비하세요.
2. 등교 후 1교시 수업 전 학교에서 풀고, 수업 준비를 완료하세요.
3. 하교 후 정한 시간에 책상에 앉고 제일 처음 이 교재를 학습하세요.

하루10분수학은 수학의 개념/원리 부분을 스스로 익혀
학교와 학원의 수업에서 이해가 빨리 되도록 돕고, 생각을 더 많이 할 수 있게 해 주는 교재입니다.
'1페이지 10분 100일 +8일 과정' 혹은 '5페이지 20일 속성 과정'으로 이용하도록 구성되어 있습니다.
본문의 오랜지색과 검정색의 조화는 기분을 좋게 하고, 집중력을 높이데 많은 도움이 됩니다.

HAPPY

# 꿈을 향한 나의 목표

화이팅!!

나는 (하)고 한

(이)가 될거예요!

공부의 목표

예체능의 목표

생활의 목표

건강의 목표

나의 목표를 꼼꼼히 세우고, 목표를 달성하기위해 노력해요^^

SMILE

## 공부의 목표를 달성하기 위해

1.

2.

3.

할거예요.

## 예체능의 목표를 달성하기 위해

1.

2.

3.

할거예요.

## 생활의 목표를 달성하기 위해

1.

2.

3.

할거예요.

## 건강의 목표를 달성하기 위해

1.

2.

3.

할거예요.

나의 목표를 꼼꼼히 세우고, 목표를 달성하기위해 노력해요^^

HAPPY

# 꿈을 향한 나의 일정표

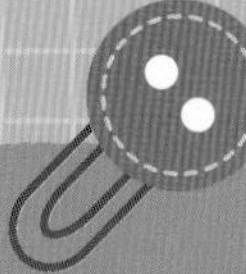

월

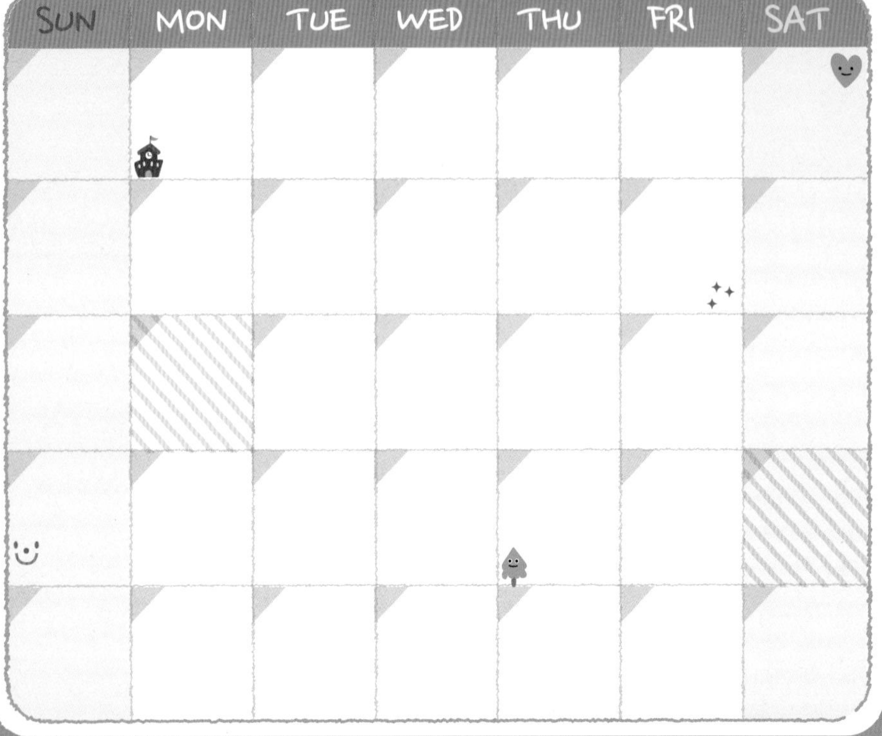

| SUN | MON | TUE | WED | THU | FRI | SAT |
|---|---|---|---|---|---|---|
| | | | | | | |
| | | | | | | |
| | | | | | | |
| | | | | | | |
| | | | | | | |

월

| SUN | MON | TUE | WED | THU | FRI | SAT |
|---|---|---|---|---|---|---|
| | | | | | | |
| | | | | | | |
| | | | | | | |
| | | | | | | |
| | | | | | | |

SMILE

# 꿈을 향한 나의 일정표

이달의일정표를 작성해 보세요!

월

| SUN | MON | TUE | WED | THU | FRI | SAT |
|---|---|---|---|---|---|---|
| | | | | | | |
| | | | | | | |
| | | | | | | |
| | | | | | | |
| | | | | | | |

메모 하세요!

월

| SUN | MON | TUE | WED | THU | FRI | SAT |
|---|---|---|---|---|---|---|
| | | | | | | |
| | | | | | | |
| | | | | | | |
| | | | | | | |
| | | | | | | |

메모 하세요!

# 하루10분수학(계산편)의 차례 ②

1학년 2학기 과정

1일 10분 100일 / 1일 50분 1개월 과정



※ 문제를 풀고난 후 틀린 점수를 적고 약한 부분을 확인하세요.

# 하루10분수학(계산편)의 구성

1. 오늘 공부할 제목을 읽습니다.

2. 개념부분을 가능한 소리내어 읽으면서 이해합니다.

3. 개념부분을 참고하여 가능한 소리내어 읽으며 문제를 풉니다. 시작하기전 시계로 시간을 잽니다.

4. 다 풀었으면, 걸린시간을 적습니다. 정확히 풀다보면 빨라져요!!! 시간은 참고만^^

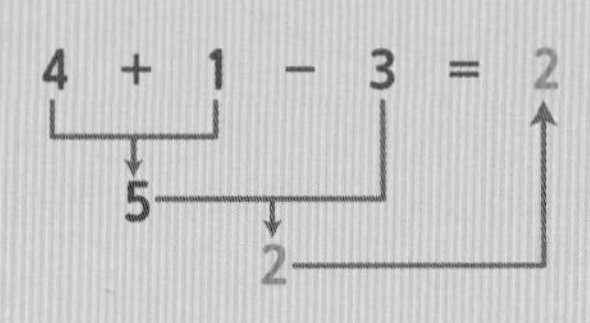


5. 스스로 답을 맞히고, 점수를 써 넣습니다. 틀린 문제는 다시 풀어봅니다.

6. 모두 끝났으면, 이어서 공부나 연습할 것을 스스로 정하고 실천합니다.

## 1 수 3개의 계산 (2)

### 4+1−3 의 계산

사과 4개에서 사과 1개를 더하면 사과 5개가 되고, 5개에서 3개를 빼면 사과는 2개가 됩니다. 이 것을 식으로 4+1−3=2이라고 씁니다.

4+1−3의 계산은 처음 두개 4+1을 먼저 계산하고, 그 값에 뒤에 있는 −3를 계산하면 됩니다.

$4+1-3=2$ (4+1 → 5, 5−3 → 2)

※ 여러 개의 식이 붙어 있으면, 처음부터 한개 한개 계산합니다.

위의 내용을 생각해서 아래의 □에 알맞은 수를 적으세요.

1. 2 + 2 − 1 = □ (4, 3)
2. 4 + 3 − 5 = □
3. 5 + 4 − 2 = □
4. 3 + 0 − 3 = □
5. 2 + 3 − 3 = □
6. 5 + 2 − 4 = □
7. 4 + 1 − 2 = □
8. 8 + 1 − 0 = □
9. 5 + 2 − 6 = □
10. 3 + 4 − 5 = □
11. 1 + 6 − 3 = □
12. 4 + 6 − 4 = □

이어서 나는 ＿＿ 을(를) 공부/연습할거야!!



tip 교재를 완전히 펴서 사용해도 잘 뜯어지지 않습니다.

공부하는 습관 !

# 하루 10분 수학

배울 내용

01회~10회 100까지의 수

11회~30회 몇십몇의 계산

31회~50회 밑으로 계산(세로셈)

51회~55회 여러가지 모양 /시계보기

56회~60회 식 바꾸기

61회~100회 10이 넘는 계산

101회~108회 총정리

## 2단계

1학년 2학기 과정

# 01 100까지의 수 (1)

**90은 10개씩 묶음 9개인 수 입니다.**

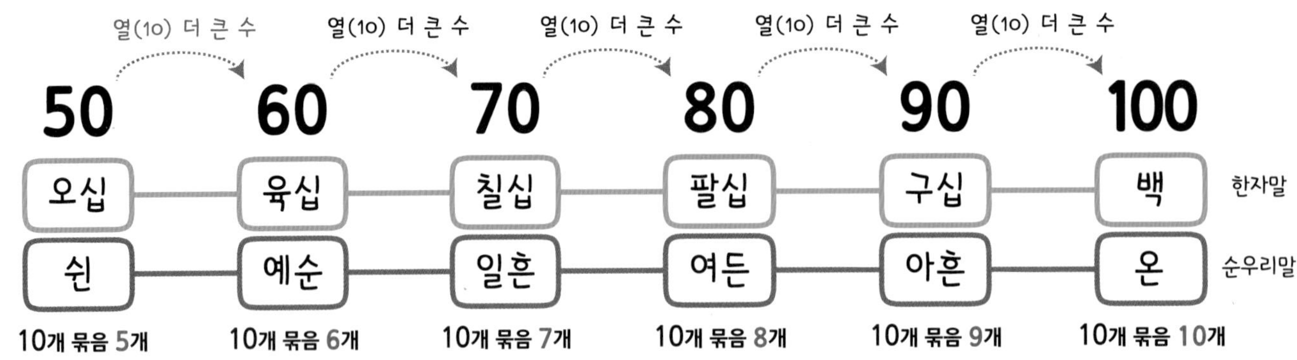

**51부터 100까지 정성 들여 깨끗히 적고, 아래의 ☐ 에 알맞은 수를 적으세요.**

1칸 뒤에 있는 수 일(1) 더 큰 수 / 1칸 앞에 있는 수 일(1) 더 작은 수

위 / 아래 / 앞 / 뒤

열(10) 더 큰 수 1칸 밑에 있는 수 / 열(10) 더 작은 수 1칸 위에 있는 수

| | | | | | | | | | |
|---|---|---|---|---|---|---|---|---|---|
| 51 51 오십일 | 52 52 오십이 | 53 53 오십삼 | 54 오십사 | 55 오십오 | 56 오십육 | 57 오십칠 | 58 오십팔 | 59 오십구 | 60 육십 |
| 61 육십일 | 62 육십이 | 63 육십삼 | 64 육십사 | 65 육십오 | 66 육십육 | 67 육십칠 | 68 육십팔 | 69 육십구 | 70 칠십 |
| 71 칠십일 | 72 칠십이 | 73 칠십삼 | 74 칠십사 | 75 칠십오 | 76 칠십육 | 77 칠십칠 | 78 칠십팔 | 79 칠십구 | 80 팔십 |
| 81 팔십일 | 82 팔십이 | 83 팔십삼 | 84 팔십사 | 85 팔십오 | 86 팔십육 | 87 팔십칠 | 88 팔십팔 | 89 팔십구 | 90 구십 |
| 91 구십일 | 92 구십이 | 93 구십삼 | 94 구십사 | 95 구십오 | 96 구십육 | 97 구십칠 | 98 구십팔 | 99 구십구 | 100 백 |

01. **55, 65, 75, 85, 95**을 찾아 ○표 하고 자리를 익히세요.

02. **55** 보다 **10**이 더 큰 수는 **65**입니다. **76** 보다 **10**이 더 큰 수는 몇 일까요? ☐

03. **52** 보다 **10**이 더 큰 수는 **52**의 한 칸 밑에 있습니다. **20**이 더 큰 수는 몇 칸 밑에 있을까요? ☐ 칸

04. **99** 보다 **1**이 더 큰 수는 **100**입니다. **90** 보다 **10**이 더 큰 수는 몇일까요? ☐

# 02 몇 십 몇

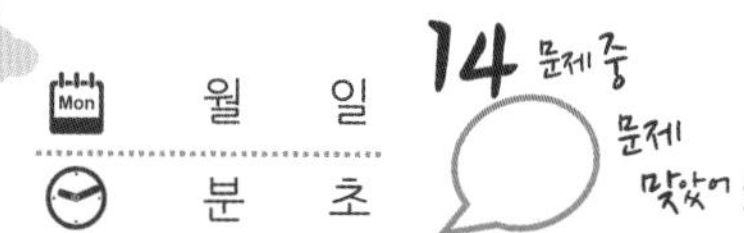

**53은 10개 묶음 5개와 낱개 3개 입니다.**

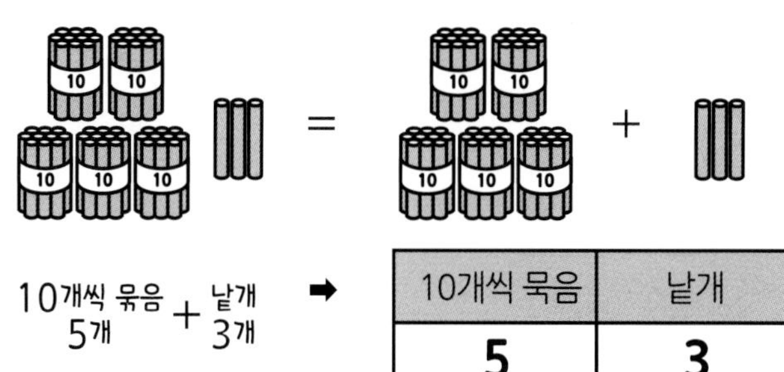

10개씩 묶음 5개 + 낱개 3개 ➡

| 10개씩 묶음 | 낱개 |
|---|---|
| 5 | 3 |

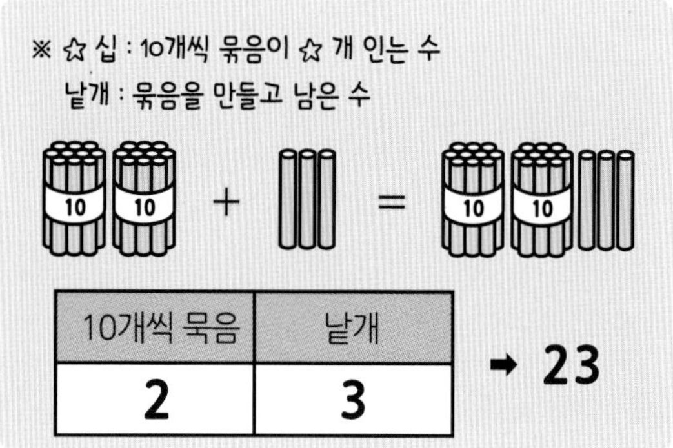

※ ☆십 : 10개씩 묶음이 ☆개 인는 수
낱개 : 묶음을 만들고 남은 수

| 10개씩 묶음 | 낱개 |
|---|---|
| 2 | 3 |

➡ 23

위의 설명을 잘 생각해서 아래 ☐에 알맞은 수를 적으세요.

01. 52는 10개씩 ☐ 묶음과 낱개 ☐ 개 입니다.

02. 69는 10개씩 ☐ 묶음과 낱개 ☐ 개 입니다.

03. 75는 10개씩 ☐ 묶음과 낱개 ☐ 개 입니다.

04. 87은 10개씩 묶음 ☐ 개와 낱개 ☐ 개 입니다.

05. 94는 10개씩 묶음 ☐ 개와 낱개 ☐ 개 입니다.

06. 99는 10개씩 묶음 ☐ 개와 낱개 ☐ 개 입니다.

07. 100은 10개씩 묶음 ☐ 개와 낱개 ☐ 개 입니다.

08. 10개씩 5 묶음과 낱개 8은 ☐ 입니다.

09. 10개씩 6 묶음과 낱개 1은 ☐ 입니다.

10. 10개씩 7 묶음과 낱개 3은 ☐ 입니다.

11. 10개씩 묶음 7개와 낱개 9개는 ☐ 입니다.

12. 10개씩 묶음 8개와 낱개 0개는 ☐ 입니다.

13. 10개씩 묶음 9개와 낱개 5개는 ☐ 입니다.

14. 10개씩 묶음 10개와 낱개 0개는 ☐ 입니다.

※ 글이나 수는 이쁘고 바르게 적도록 합니다. 빈칸에 정성들여 적는 연습을 하세요^^

이어서 나는 ☐ 을(를) 공부/연습할거야!!

**53은 10의 자리가 5이고 1의 자리는 3인 수입니다.**

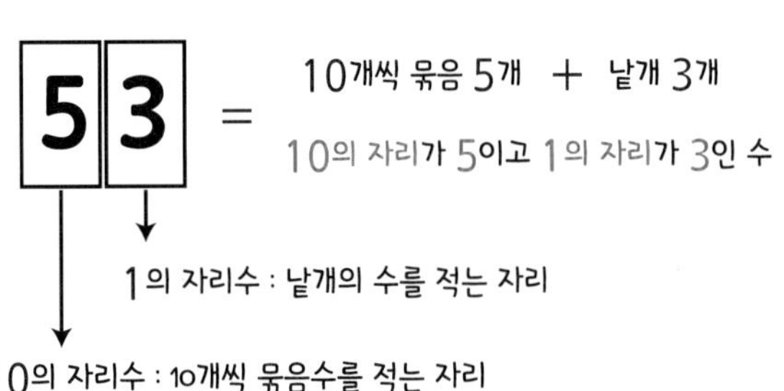


| 10개씩 묶음 | 낱개 |
|---|---|
| 5 | 3 |

| 10의 자리수 | 1의 자리수 |
|---|---|
| 5 | 3 |

※ '10의 자리수' 는 '10개씩 묶음' 과 같은 말입니다.

※ 10의 자리수 = 10개씩 묶음이 ☆개인 수
1의 자리수 = 묶음을 만들고 남은 낱개의 수

**60** = 10의 자리수가 **6**이고, 1의 자리수는 **0**인 수

**06** = 10의 자리수가 **0**이고, 1의 자리수는 **6**인 수

※ 어느 자리에 있는 가에 따라서 수가 달라집니다.

위의 설명을 잘 생각해서 아래 빈칸에 알맞은 수를 적으세요.

**01.** 52는 10개씩 ☐ 묶음과 낱개 ☐ 개인 수입니다.
52는 10의 자리수가 ☐ 이고,
1의 자리수가 ☐ 인 수입니다.

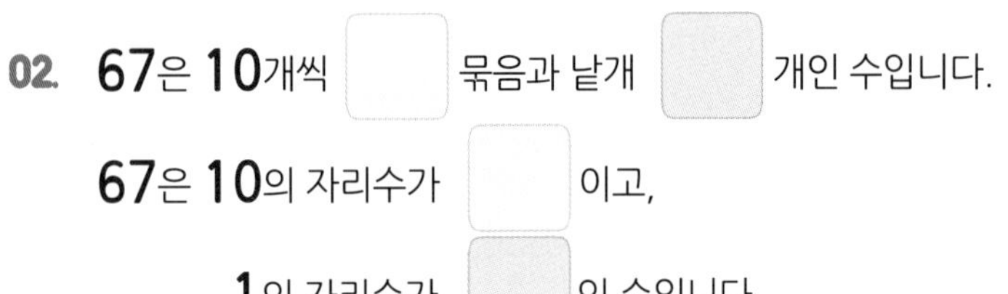

**02.** 67은 10개씩 ☐ 묶음과 낱개 ☐ 개인 수입니다.
67은 10의 자리수가 ☐ 이고,
1의 자리수가 ☐ 인 수입니다.

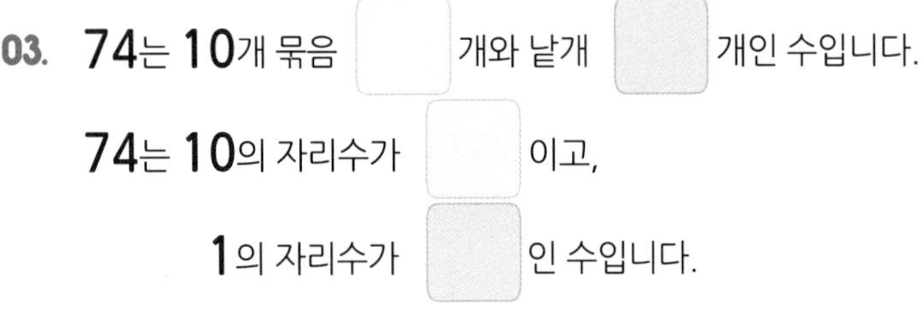

**03.** 74는 10개 묶음 ☐ 개와 낱개 ☐ 개인 수입니다.
74는 10의 자리수가 ☐ 이고,
1의 자리수가 ☐ 인 수입니다.

**04.** 77은 10개 묶음 ☐ 개와 낱개 ☐ 개인 수입니다.
77은 10의 자리수가 ☐ 이고,
1의 자리수도 ☐ 인 수입니다.

**05.** 3은 10개씩 ☐ 묶음과 낱개 ☐ 개인 수입니다.
3은 10의 자리수가 ☐ 이고,
1의 자리수가 ☐ 인 수입니다.

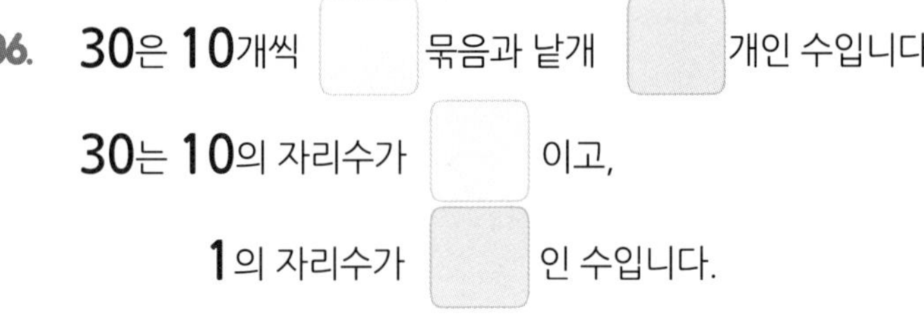

**06.** 30은 10개씩 ☐ 묶음과 낱개 ☐ 개인 수입니다.
30는 10의 자리수가 ☐ 이고,
1의 자리수가 ☐ 인 수입니다.

**07.** 83은 10개씩 ☐ 묶음과 낱개 ☐ 개인 수입니다.
83은 10의 자리수가 ☐ 이고,
1의 자리수도 ☐ 인 수입니다.

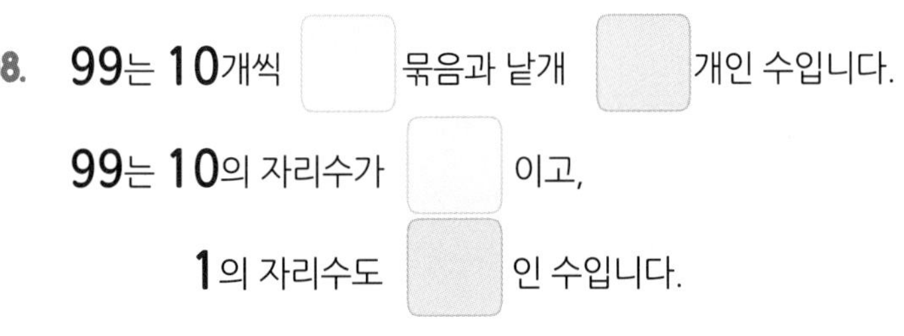

**08.** 99는 10개씩 ☐ 묶음과 낱개 ☐ 개인 수입니다.
99는 10의 자리수가 ☐ 이고,
1의 자리수도 ☐ 인 수입니다.

# 04 100까지의 수 (2)

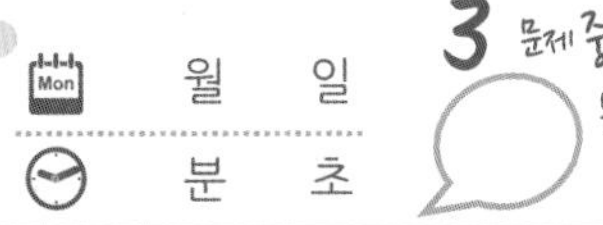


3 문제 중 문제 맞았어!

아래의 1부터 100까지 적힌 표에서 빈칸을 채우고, 물음에 답하세요.

위

앞 / 뒤

| 1 | 2 | | 4 | | 6 | | 8 | 9 | |
|---|---|---|---|---|---|---|---|---|---|
| | 12 | 13 | 14 | | 16 | 17 | | 19 | |
| 21 | | 23 | 24 | | | 27 | 28 | | |
| 31 | 32 | | 34 | | 36 | | 38 | 39 | |
| 41 | 42 | 43 | | | 46 | 47 | | 49 | |
| | | | | | | | | | |
| | 62 | 63 | 64 | | 66 | 67 | 68 | | |
| 71 | | 73 | 74 | | 76 | 77 | | 79 | |
| 81 | 82 | | 84 | | 86 | | 88 | 89 | |
| 91 | 92 | 93 | | | | 97 | 98 | 99 | |

아래

01. **1, 12, 23, 34, 45, 56, 67, 78, 89, 100**에 ○표 하고, 자리를 확인 해 보세요.

02. **어떤 수**에서 **뒤**로 **1**칸을 가면 **1**이 커집니다. **앞**으로 **1**칸을 가면 ☐ 이 작아집니다.

03. **어떤 수**에서 **아래**로 **1**칸을 가면 **10**이 커집니다. **위**로 **1**칸을 가면 ☐ 이 작아집니다.

# 05 수의 규칙 (1)

월 일
분 초
12 문제 중 문제 맞음

**숫자**가 **커**지거나 **작아**지는 규칙을 찾아보자.

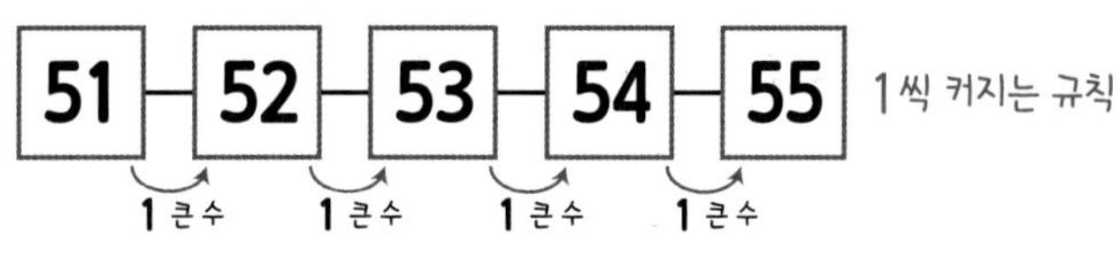


1씩 커지는 규칙

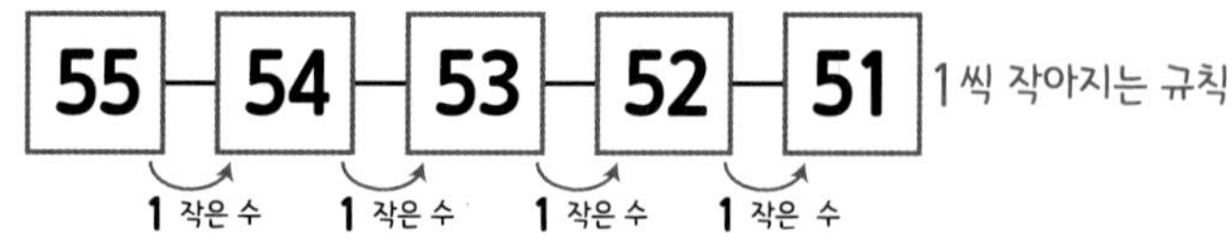


1씩 작아지는 규칙

51 - 53 - 55 - 57 - 59 2씩 커지는 규칙

2 큰 수 2 큰 수 2 큰 수 2 큰 수

10씩 작아지는 규칙

빈칸에 알맞은 수를 써 넣으시오.

01. 61 - 62 - 63 - ☐ - ☐

02. 76 - 77 - 78 - ☐ - ☐

03. 52 - 54 - 56 - ☐ - ☐

04. 22 - 32 - ☐ - 52 - ☐

05. 10 - 15 - ☐ - 25 - ☐

06. 96 - 97 - ☐ - 99 - ☐

07. 58 - 57 - 56 - ☐ - ☐

08. ☐ - 69 - 68 - 67 - ☐

09. 76 - 74 - 72 - ☐ - ☐

10. 93 - 83 - ☐ - 63 - ☐

11. 70 - 65 - ☐ - 55 - ☐

12. 82 - 81 - ☐ - 79 - ☐

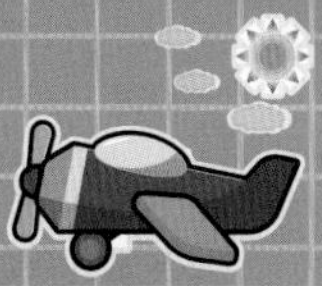

## 확인 (틀린 문제의 수를 적고, 약한 부분을 보충하세요.)

| 회차 | 틀린문제수 |
|---|---|
| 01 회 | 문제 |
| 02 회 | 문제 |
| 03 회 | 문제 |
| 04 회 | 문제 |
| 05 회 | 문제 |

## 생각해보기 (배운 내용이 모두 이해되었나요?)

- ■ 모두 이해하고 자신있다. → 다음 회로 넘어 갑니다.
- ■ 1~2문제 틀릴 수는 있겠지만 거의 이해한다.
  → 배경부분을 한번 더 읽고 다음 회로 넘어 갑니다.
- ■ 잘 모르는 것 같다.
  → 배경부분과 틀린문제를 한번 더 보고 다음 회로 넘어 갑니다.

## 오답노트 (앞에서 틀린 문제나 기억하고 싶은 문제를 적습니다.)

| 회 번 | |
|---|---|
| 문제 | 풀이 |

| 회 번 | |
|---|---|
| 문제 | 풀이 |

| 회 번 | |
|---|---|
| 문제 | 풀이 |

| 회 번 | |
|---|---|
| 문제 | 풀이 |

| 회 번 | |
|---|---|
| 문제 | 풀이 |

# 06 더 큰 수 / 더 작은 수

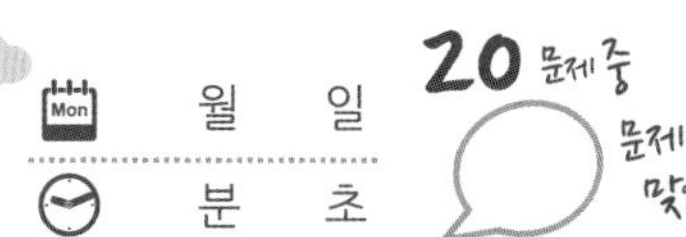

**57보다 63이 더 큰 수 입니다.**

10의 자리수(10개씩 묶음수)가 더 큰 수가 큰 수입니다. 57은 10의 자리수가 5이고, 63은 10의 자리수가 6인 수이므로, 10개씩 묶음의 수가 더 큰 63이 더 큰 수입니다.

| 57 | 63 |
| --- | --- |
| 10개 묶음 5개<br>10의 자리수 5 | 10개 묶음 6개<br>10의 자리수 6 |

10의 자리수(10개 묶음)가 더 큰 수가 무조건 더 큰 수가 됩니다.

**64보다 67이 더 큰 수 입니다.**

10의 자리수가 같으면, 1의 자리의 수가 더 큰 수가 큽니다. 64와 67과 같이 10의 자리수가 같은 수의 크기는 낱개가 더 많은 수가 더 큽니다.

| 64 | 67 |
| --- | --- |
| 10개 묶음 6개<br>낱개 4개 | 10개 묶음 6개<br>낱개 7개 |

10의 자리가 6으로 같으므로 낱개가 더 큰 (4보다 7이 큼) 67이 더 큽니다.

두 개의 수 중에서 더 큰 수를 □에 적으세요.

보기  63 65  65

01.  59 51

02.  87 84

03.  94 95

04.  55 57

05.  98 99

06.  62 66

07.  63 72

08.  86 78

09.  71 67

10. 94 89

11.  75 63

12.  88 82

13.  69 88

14.  72 66

15.  67 65

16.  73 81

17.  90 82

18.  61 77

19.  64 59

20.  78 80

# 07 가장 큰 수 / 가장 작은 수

소리내 읽기

**57, 63, 81에서 81이 가장 큰 수 입니다.**
10의 자리수(10개씩 묶음수)가 더 큰 수가 큰 수입니다.
57, 63, 81에서 81이 10의 자리수 8로 가장 크므로
가장 큰 수 이고, 57이 10의 자리수 5로 가장 작은 수 입니다.

| 57 | 63 | 81 |
|---|---|---|
| 10개 묶음 5개<br>10의 자리수 5 | 10개 묶음 6개<br>10의 자리수 6 | 10개 묶음 8개<br>10의 자리수 8 |

**64, 67, 59에서 67이 가장 큰 수 입니다.**
1의 자리수가 아무리 커도, 10의 자리수가 큰 수가 큽니다.
64, 67 ,59에서 10의 자리수와 1의 자리수가 가장 큰 67이
가장 큰 수이고, 10의 자리수가 작은 59가 가장 작은 수입니다.

| 64 | 67 | 59 |
|---|---|---|
| 10개 묶음 6개<br>낱개 4개 | 10개 묶음 6개<br>낱개 7개 | 10개 묶음 5개<br>낱개 9개 |

소리내 풀기

세개의 수를 비교하여 알맞은 수를 빈칸에 적으세요.

보기 63 65 61
가장 큰 수 65
가장 작은 수 61

01. 51 57 55
가장 큰 수
가장 작은 수

02. 58 41 60
가장 큰 수
가장 작은 수

03. 73 75 81
가장 큰 수
가장 작은 수

04. 82 72 69
가장 큰 수
가장 작은 수

05. 42 53 54
가장 큰 수
가장 작은 수

06. 99 77 88
가장 큰 수
가장 작은 수

07. 21 41 61
가장 큰 수
가장 작은 수

08. 71 83 91
가장 큰 수
가장 작은 수

09. 92 91 85
가장 큰 수
가장 작은 수

10. 77 61 73
가장 큰 수
가장 작은 수

11. 49 70 65
가장 큰 수
가장 작은 수

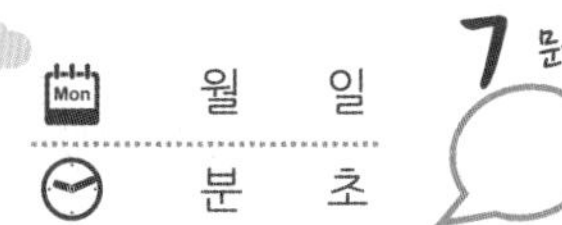

아래의 1부터 100까지 적힌 표를 보고 물음에 답하세요.

| 1 | 2 | 3 | 4 | 5 | 6 | 7 | 8 | 9 | 10 |
|---|---|---|---|---|---|---|---|---|---|
| 11 | 12 | 13 | 14 | 15 | 16 | 17 | 18 | 19 | 20 |
| 21 | 22 | 23 | 24 | 25 | 26 | 27 | 28 | 29 | 30 |
| 31 | 32 | 33 | 34 | 35 | 36 | 37 | 38 | 39 | 40 |
| 41 | 42 | 43 | 44 | 45 | 46 | 47 | 48 | 49 | 50 |
| 51 | 52 | 53 | 54 | 55 | 56 | 57 | 58 | 59 | 60 |
| 61 | 62 | 63 | 64 | 65 | 66 | 67 | 68 | 69 | 70 |
| 71 | 72 | 73 | 74 | 75 | 76 | 77 | 78 | 79 | 80 |
| 81 | 82 | 83 | 84 | 85 | 86 | 87 | 88 | 89 | 90 |
| 91 | 92 | 93 | 94 | 95 | 96 | 97 | 98 | 99 | 100 |

**01.** 위의 표에서 1의 자리가 0인 수를 적고, 위에 ○표 하세요.

**02.** 위의 표에서 10의 자리가 9인 수를 적고, 위에 △표 하세요.

**03.** 아래의 숫자를 숫자로 적고, 표에 색칠하세요.

쉰넷, 오십사 (　　) 예순다섯, 육십오 (　　)

일흔여섯, 칠십육 (　　) 여든일곱, 팔십칠 (　　)

아흔여덟, 구십팔 (　　)

**04.** 아래의 숫자를 한글로 적고, 표에 색칠하세요.

51 (　　　　) 62 (　　　　)

73 (　　　　) 84 (　　　　)

95 (　　　　)

**05.** 아래의 물음에 해당하는 숫자를 적으세요.

10개 묶음이 6개이고, 낱개가 3인 수 (　　)

10개 묶음이 7개이고, 낱개가 4인 수 (　　)

10의 자리가 8이고, 1의 자리가 6인 수 (　　)

10의 자리가 9이고, 1의 자리가 8인 수 (　　)

**06.** 아래의 물음에 해당하는 숫자를 적으세요.

92보다 1 큰 수 (　　) 92보다 1 작은 수 (　　)

85보다 2 큰 수 (　　) 85보다 2 작은 수 (　　)

73보다 3 큰 수 (　　) 73보다 3 작은 수 (　　)

66보다 4 큰 수 (　　) 66보다 4 작은 수 (　　)

**07.** 규칙에 맞도록 빈칸에 알맞은 수를 써넣으세요.

[　] - 64 - 65 - 66 - [　]

72 - 74 - 76 - [　] - [　]

80 - 85 - [　] - 95 - [　]

[　] - [　] - 90 - 92 - 94

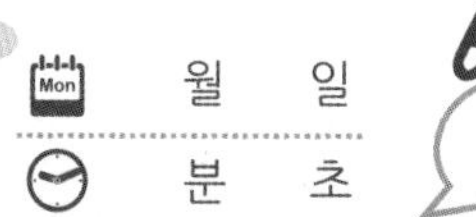

# 09 100까지의 수 (연습2)

1부터 100까지 수를 생각해서 아래의 물음에 답하세요.

**01.** 아래의 숫자를 숫자로 적고, 표에 색칠하세요.

오십이 (　　) 육십삼 (　　) 칠십사 (　　)

아흔넷 (　　) 예순셋 (　　) 쉰다섯 (　　)

여든둘 (　　) 일흔하나 (　　)

**02.** 아래의 숫자를 한글로 적고, 표에 색칠하세요.

53 (　　　　) 64 (　　　　)

75 (　　　　) 86 (　　　　)

97 (　　　　)

**03.** 아래의 물음에 해당하는 숫자를 적으세요.

10개 묶음이 9개이고, 낱개가 2인 수 (　　)

10개 묶음이 8개이고, 낱개가 3인 수 (　　)

10의 자리가 7이고, 1의 자리가 4인 수 (　　)

10의 자리가 6이고, 1의 자리가 5인 수 (　　)

**04.** 아래의 물음에 해당하는 숫자를 적으세요.

60보다 1 큰 수 (　　) 60보다 1 작은 수 (　　)

73보다 3 큰 수 (　　) 73보다 3 작은 수 (　　)

87보다 3 큰 수 (　　) 87보다 7 작은 수 (　　)

99보다 1 큰 수 (　　) 99보다 4 작은 수 (　　)

**05.** 수를 비교하여 빈칸에 알맞은 수를 적으세요.

52 57
더 큰 수 [　　]
더 작은 수 [　　]

63 52 71
가장 큰 수 [　　]
가장 작은 수 [　　]

72 69
더 큰 수 [　　]
더 작은 수 [　　]

76 65 56
가장 큰 수 [　　]
가장 작은 수 [　　]

**06.** 규칙에 맞도록 빈칸에 알맞은 수를 적으세요.

[　　] - 50 - 51 - 52 - [　　]

62 - 64 - 66 - [　　] - [　　]

70 - 75 - [　　] - 85 - [　　]

[　　] - [　　] - 82 - 84 - 86

[　　] - 94 - 96 - 98 - [　　]

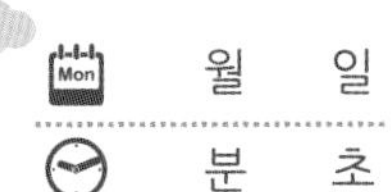

**문제) 10개씩 5묶음이고, 54보다 작은 수는 ?**

풀이) 10개씩 5개묶음인 수 = 5□ (□는 어떤 수)

54 보다 작은 수를 1작은 수부터 차례로 써보면

53,52,51,50,49,... 입니다.

49 부터는 10개씩 묶음이 4개인 수이므로

구하는 값은 53,52,51,50입니다.

답) 50,51,52,53

**문제) 62 보다 크고, 66보다 작은 수는 ?**

풀이) 62 보다 1 큰 수를 차례로 적어보면

63,64,65,66,... 입니다.

이 중에서 66 보다 작은 수는 63,64,65이므로

구하는 값은 63,64,65입니다.

답) 63,64,65

아래의 문제를 풀어보세요.

**01.** 10개씩 묶음이 7개이고, 77보다 큰 수는 몇일까요?

풀이) 10개씩 7개묶음인 수 = 7□

77 보다 1 큰 수를 차례로 적어보면

□, □, □,... 입니다.

□부터는 10개씩 묶음이 □개인 수이므로

구하는 값은 □, □ 입니다.

답) ____ , ____

**02.** 85 보다 크고, 87 보다 작은 수는 무엇일까요?

풀이) 85 보다 1 큰 수를 차례로 적어보면

____ , ____ , ____ ,... 입니다.

이 중에서 ____ 보다 작은 수는

구하는 값 이므로 구하는 값은 ____ 입니다.

답) ____

**03.** 10의 자리가 9개이고, 93보다 작은 수는 몇일까요?

풀이) 10의 자리가 ____ 인 수 = ____

____ 보다 ____ 작은 수를 차례로 적어보면

____ ,... 입니다.

____ 부터는 10의 자리가 ____ 인 수이므로

구하는 값은 ____ 입니다.

답) ____

**04.** 53 보다 크고, 56 보다 작은 수는 무엇일까요?

풀이) (풀이 4점 답 3점)

답) ____

## 확인 (틀린 문제의 수를 적고, 약한 부분을 보충하세요.)

| 회차 | 틀린문제수 |
|---|---|
| 06 회 | 문제 |
| 07 회 | 문제 |
| 08 회 | 문제 |
| 09 회 | 문제 |
| 10 회 | 문제 |

## 생각해보기 (배운 내용이 모두 이해되었나요?)

■ 모두 이해하고 자신있다. → 다음 회로 넘어 갑니다.

■ 1~2문제 틀릴 수는 있겠지만 거의 이해한다.
→ 개념부분을 한번 더 읽고 다음 회로 넘어 갑니다.

■ 잘 모르는 것 같다.
→ 개념부분과 틀린문제를 한번 더 보고 다음 회로 넘어 갑니다.

## 오답노트 (앞에서 틀린 문제나 기억하고 싶은 문제를 적습니다.)

회 번

| 문제 | 풀이 |
|---|---|
| | |

회 번

| 문제 | 풀이 |
|---|---|
| | |

회 번

| 문제 | 풀이 |
|---|---|
| | |

회 번

| 문제 | 풀이 |
|---|---|
| | |

회 번

| 문제 | 풀이 |
|---|---|
| | |

# 11 몇십과 몇의 덧셈

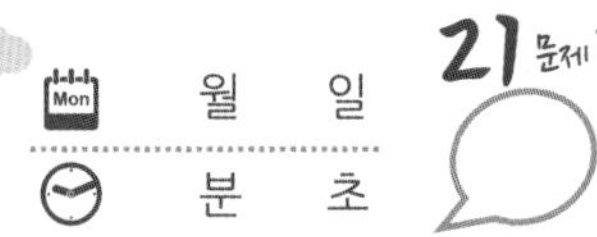

**50 + 4 = 54** 입니다.

10개씩 5묶음에 낱개 4개를 더하면 54가 됩니다.
10의 자리가 5인 수와 1의 자리가 4인 수를 더하면 54입니다.

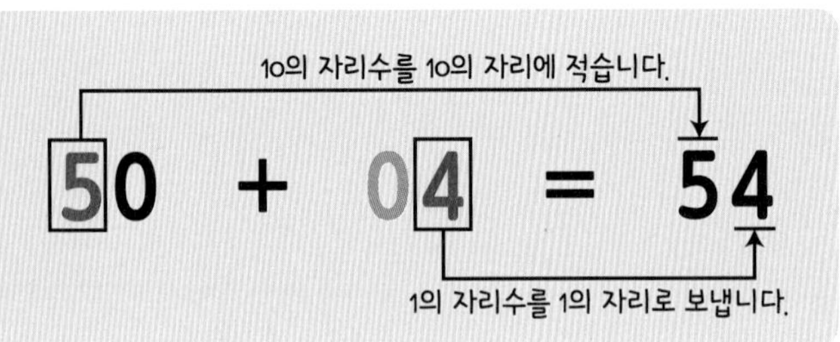


**4 + 50 = 54** 입니다.

1의 자리가 4인 수와 10의 자리가 5인 수를 더해도 54입니다.
각자의 자리에 맞는 수를 적으면 됩니다.

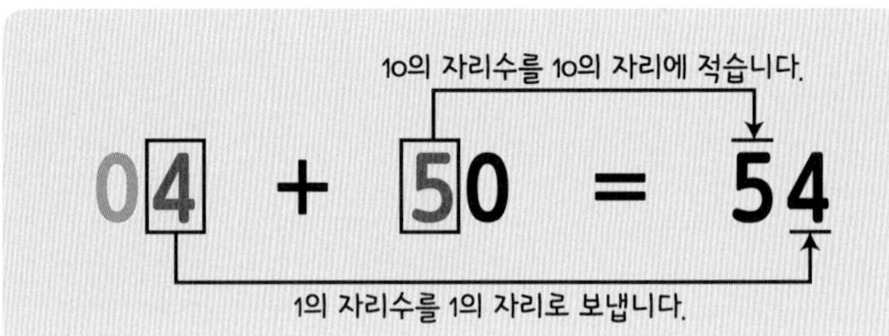

아래 문제의 □에 알맞은 수를 적으세요.

01. 30 + 5 = □

02. 40 + 7 = □

03. 50 + 6 = □

04. 60 + 3 = □

05. 70 + 8 = □

06. 80 + 9 = □

07. 90 + 2 = □

08. 3 + 40 = □

09. 6 + 60 = □

10. 9 + 30 = □

11. 2 + 20 = □

12. 6 + 90 = □

13. 4 + 50 = □

14. 0 + 70 = □

15. 40 + □ = 44

16. 70 + □ = 76

17. 60 + □ = 65

18. □ + 90 = 93

19. □ + 50 = 57

20. □ + 80 = 82

21. □ + 30 = 30

※ 답을 적을때 빈칸에 들어갈 수 있도록 정성들여 적도록 합니다.

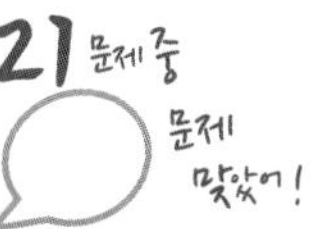

# 12 몇십몇과 몇의 덧셈

월 일
분 초

21문제 중 문제 맞았어!

소리내 읽기

**52 + 4 = 56** 입니다.

10의 자리가 5이고, 1의 자리가 2인 52와
10의 자리가 0이고, 1의 자리가 4인 4를 더하는 법은
10의 자리는 10의 자리수끼리 더해서 10의 자리에 적고,
1의 자리는 1의 자리수끼리 더해서 1의 자리에 적습니다.

 +  = 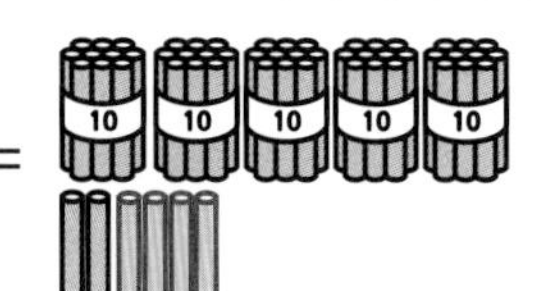

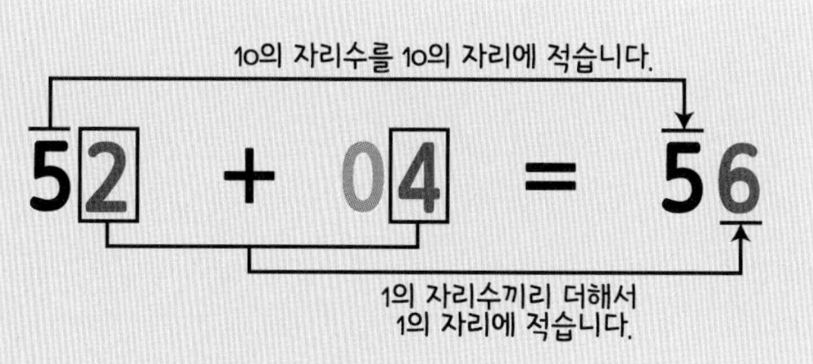


※ 덧셈은 순서가 바뀌어도 값이 같습니다.
4+52의 값도 56으로 같습니다. (푸는 방법도 같습니다.)

소리내 풀기

아래 문제의 ☐에 알맞은 수를 적으세요.

01. 35 + 2 = ☐
02. 64 + 3 = ☐
03. 53 + 6 = ☐
04. 61 + 4 = ☐
05. 92 + 1 = ☐
06. 75 + 0 = ☐
07. 81 + 5 = ☐

08. 6 + 72 = ☐
09. 3 + 41 = ☐
10. 4 + 55 = ☐
11. 2 + 83 = ☐
12. 7 + 61 = ☐
13. 5 + 34 = ☐
14. 1 + 92 = ☐

15. 41 + ☐ = 47
16. 73 + ☐ = 75
17. 62 + ☐ = 69
18. ☐ + 52 = 56
19. ☐ + 95 = 98
20. ☐ + 31 = 34
21. ☐ + 86 = 87

※ 문제를 풀때는 빨리 푸는 것보다 정확하게 푸는 것이 더 중요합니다. 천천히 곰곰히 생각해서 풀어보세요!!!

이어서 나는 ☐ 을(를) 공부/연습할거야!!

# 13 몇십몇과 몇십의 덧셈

**52 + 10 = 62** 입니다.

10의 자리가 5이고, 1의 자리가 2인 52와
10의 자리가 1이고, 1의 자리가 0인 10를 더하는 법은
10의 자리는 10의 자리수끼리 더해서 10의 자리에 적고,
1의 자리는 1의 자리수끼리 더해서 1의 자리에 적습니다.

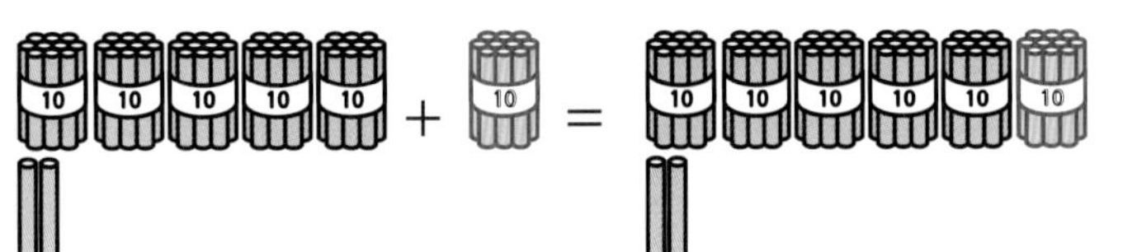

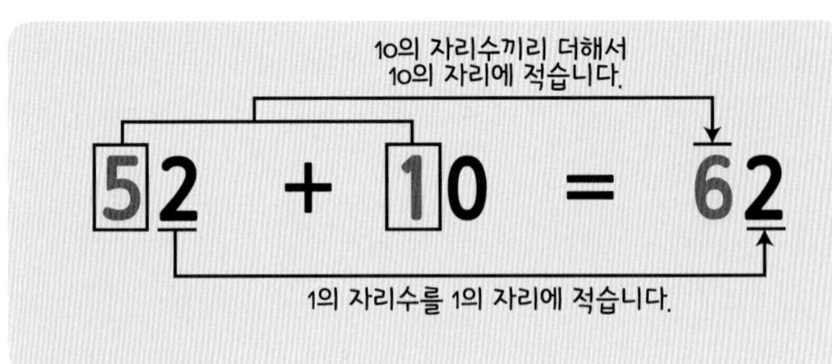


※ 덧셈은 순서가 바뀌어도 값이 같습니다.
10+52의 값도 62로 같습니다. (푸는 방법도 같습니다.)

아래 문제의 ☐에 알맞은 수를 적으세요.

01. 36 + 20 = ☐
02. 58 + 40 = ☐
03. 64 + 10 = ☐
04. 25 + 50 = ☐
05. 47 + 30 = ☐
06. 81 + 10 = ☐
07. 79 + 20 = ☐

08. 30 + 47 = ☐
09. 50 + 31 = ☐
10. 40 + 54 = ☐
11. 10 + 25 = ☐
12. 30 + 18 = ☐
13. 20 + 46 = ☐
14. 40 + 05 = ☐

15. 72 + ☐ = 75
16. 34 + ☐ = 36
17. 87 + ☐ = 89
18. ☐ + 43 = 47
19. ☐ + 67 = 68
20. ☐ + 92 = 99
21. ☐ + 78 = 78

※ 글이나 수를 적을때는 누가봐도 알아볼 수 있도록 정성들여 적도록 합니다.

# 14 몇십몇과 몇십몇의 덧셈

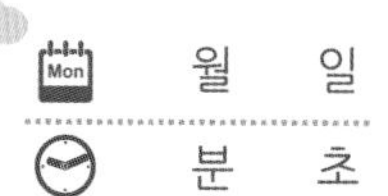


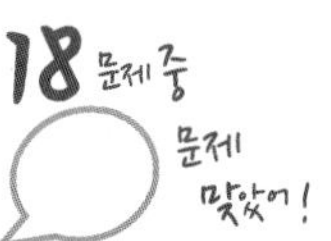

**52 + 13 = 65** 입니다.

10의 자리가 5이고, 1의 자리가 2인 52와
10의 자리가 1이고, 1의 자리가 3인 13을 더하는 법은
10의 자리는 10의 자리수끼리 더해서 10의 자리에 적고,
1의 자리는 1의 자리수끼리 더해서 1의 자리에 적습니다.

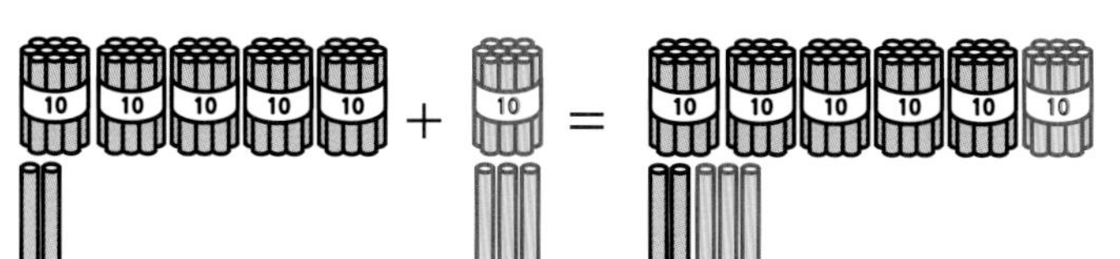


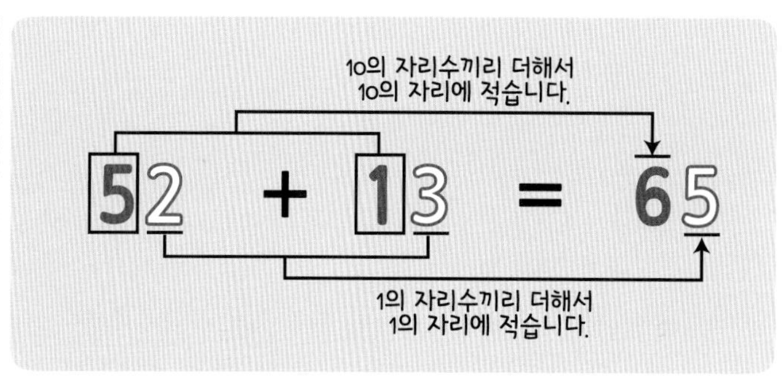


※ 덧셈은 순서가 바뀌어도 값이 같습니다.
13+52의 값도 65로 같습니다. (푸는 방법도 같습니다.)

아래 문제의 ☐에 알맞은 수를 적으세요.

01. 34 + 41 = ☐

02. 53 + 13 = ☐

03. 41 + 24 = ☐

04. 82 + 16 = ☐

05. 75 + 12 = ☐

06. 61 + 27 = ☐

07. 51 + 42 = ☐

08. 25 + 54 = ☐

09. 33 + 63 = ☐

10. 06 + 81 = ☐

11. 54 + 04 = ☐

12. 18 + 81 = ☐

13. 51 + 23 = ☐

14. 63 + 16 = ☐

15. 72 + 25 = ☐

16. 81 + 14 = ☐

17. 67 + 21 = ☐

18. 54 + 33 = ☐

※ 정확히 풀다보면 속도도 빠르게 됩니다. 정확하게 푸는 연습을 합니다.^^

# 15 몇십몇+몇십몇 (연습)

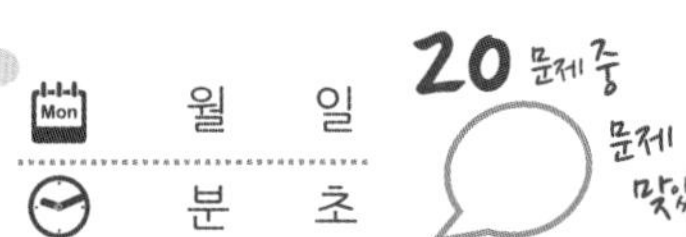

앞에서 배운 내용을 잘 생각해서, 아래의 빈칸에 알맞은 수를 적으세요.

01. 02 + 03 = ☐☐

02. 04 + 10 = ☐☐

03. 20 + 05 = ☐☐

04. 23 + 10 = ☐☐

05. 30 + 17 = ☐☐

06. 23 + 26 = ☐☐

07. 22 + 53 = ☐☐

08. 10 + 78 = ☐☐

09. 53 + 25 = ☐☐

10. 26 + 60 = ☐☐

11. 77 + 12 = ☐☐

12. 23 + 45 = ☐☐

13. 64 + 23 = ☐☐

14. 51 + 13 = ☐

15. 70 + 08 = ☐

16. 64 + 20 = ☐

17. 43 + 32 = ☐

18. 92 + 07 = ☐

19. 74 + 13 = ☐

20. 36 + 51 = ☐

## 확인 (틀린 문제의 수를 적고, 약한 부분을 보충하세요.)

| 회차 | 틀린문제수 |
|---|---|
| 11 회 | 문제 |
| 12 회 | 문제 |
| 13 회 | 문제 |
| 14 회 | 문제 |
| 15 회 | 문제 |

## 오답노트 (앞에서 틀린 문제나 기억하고 싶은 문제를 적습니다.)

| 회 번 | |
|---|---|
| 문제 | 풀이 |

| 회 번 | |
|---|---|
| 문제 | 풀이 |

| 회 번 | |
|---|---|
| 문제 | 풀이 |

| 회 번 | |
|---|---|
| 문제 | 풀이 |

| 회 번 | |
|---|---|
| 문제 | 풀이 |

## 생각해보기 (배운 내용이 모두 이해되었나요?)

■ 모두 이해하고 자신있다. → 다음 회로 넘어 갑니다.

■ 1~2문제 틀릴 수는 있겠지만 거의 이해한다.
→ 개념부분을 한번 더 읽고 다음 회로 넘어 갑니다.

■ 잘 모르는 것 같다.
→ 개념부분과 틀린문제를 한번 더 보고 다음 회로 넘어 갑니다.

# 16 몇십몇의 덧셈 (연습1)

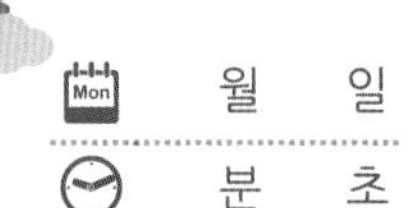


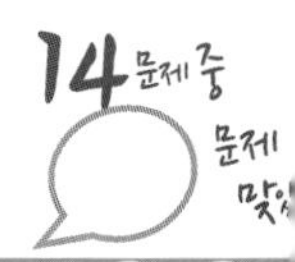

보기와 같이 두 수를 더해서 밑에 적어 보세요.

보기 | 21 | 13 | → 34 (21+13의 값을 적으세요.)

01. | 32 | 20 |

02. | 5 | 41 |

03. | 54 | 35 |

04. | 43 | 52 |

05. | 86 | 12 |

06. | 94 | 5 |

07. | 52 | 31 |

08. | 73 | 23 |

09. | 65 | 14 |

10. | 21 | 52 |

11. | 73 | 14 |

12. | 62 | 23 |

13. | 35 | 41 |

14. | 44 | 25 |

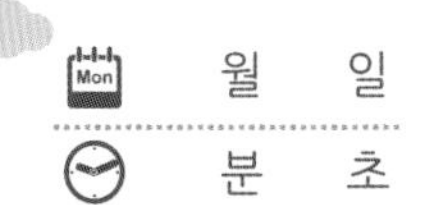


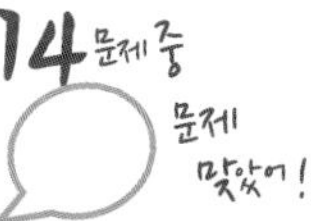

보기와 같이 두 수를 더해서 빈칸에 알맞은 수를 적어 보세요.

보기

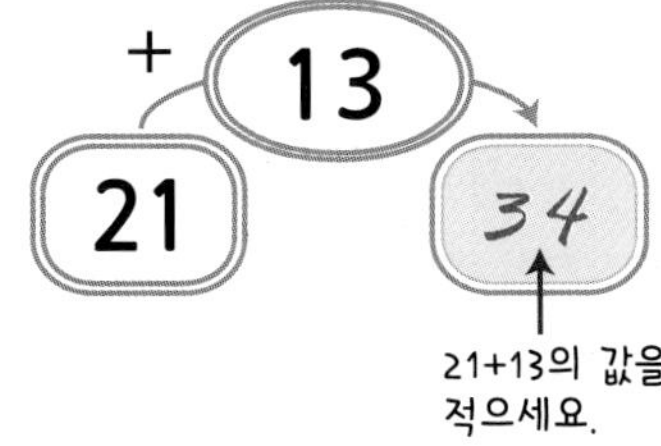


01.

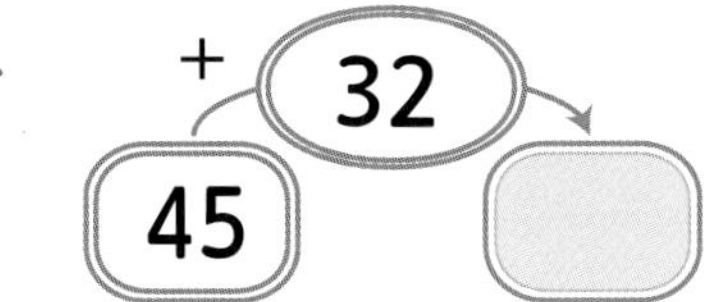


02.

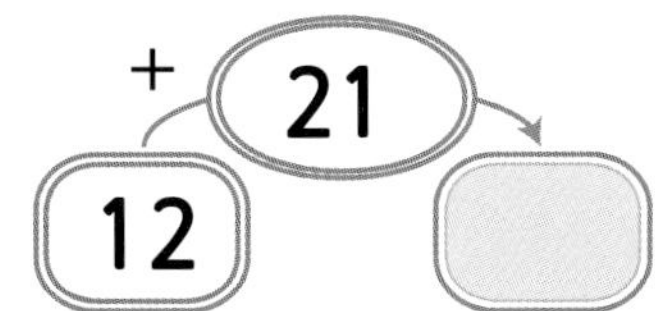


03.

04.

05.

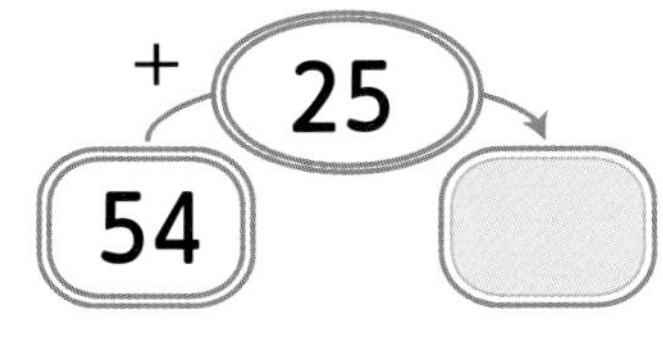


06.

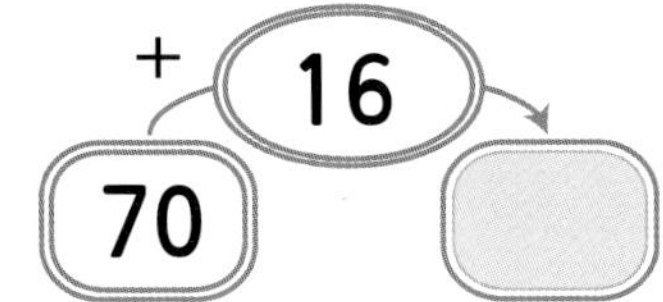


07.

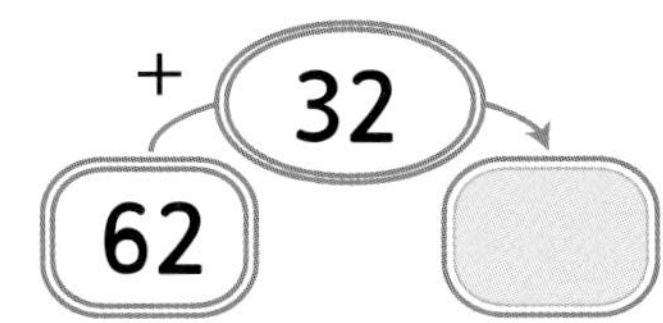


08.

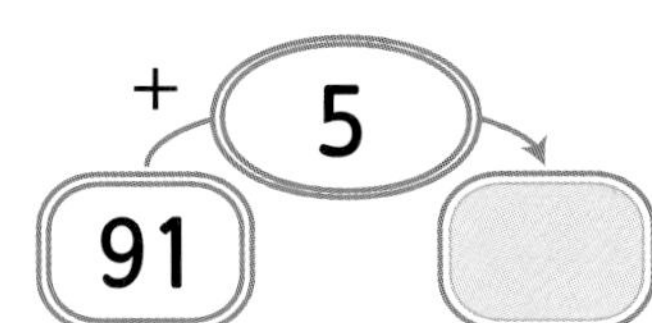


09.

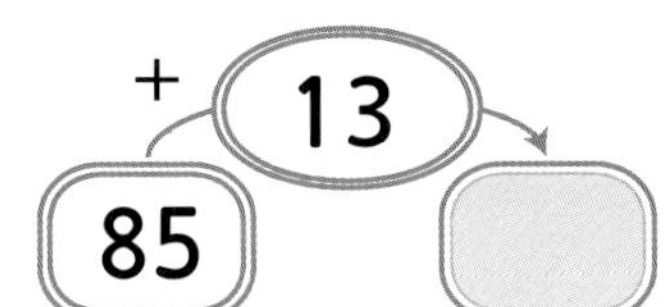


10.

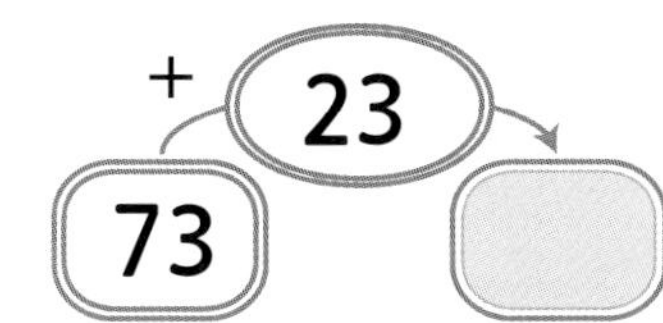


11.

12.

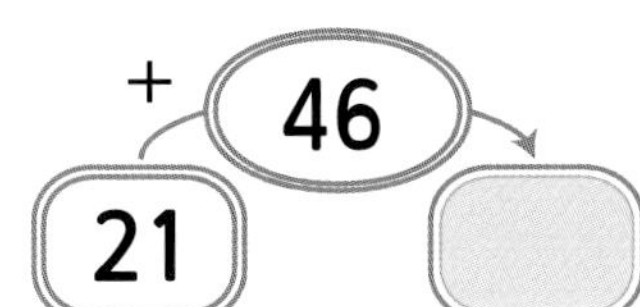


13.

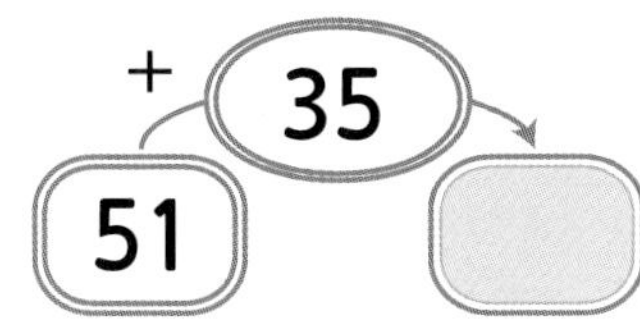


14.

# 18 몇십몇의 덧셈 (연습3)

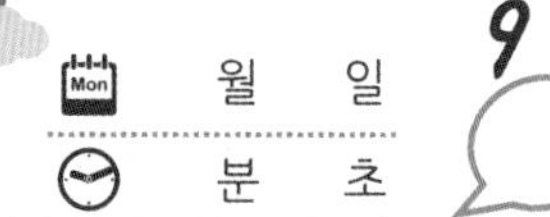

위의 숫자가 아래의 통에 들어가면 나오는 수를 계산해서 ☐에 적으세요.

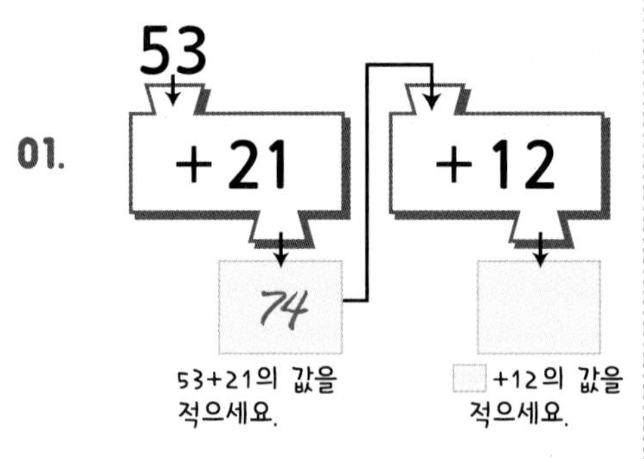


01. 53 → +21 → ☐ → +12 → ☐

04. 21 → +32 → ☐ → +14 → ☐

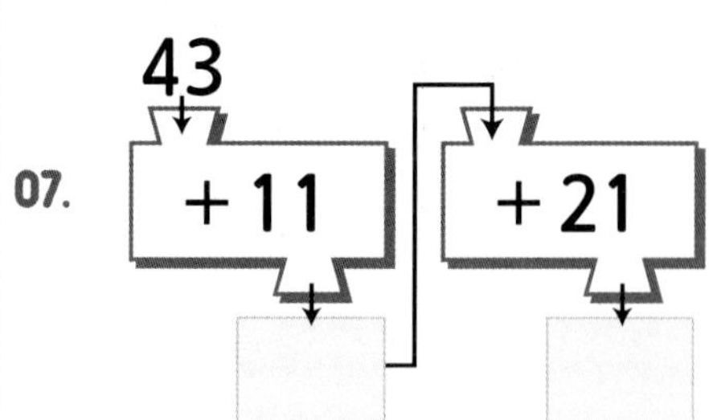


07. 43 → +11 → ☐ → +21 → ☐

02. 33 → +11 → ☐ → +24 → ☐

05. 63 → +10 → ☐ → +26 → ☐

08. 23 → +40 → ☐ → +34 → ☐

03. 43 → +4 → ☐ → +12 → ☐

06. 12 → +23 → ☐ → +5 → ☐

09. 33 → +24 → ☐ → +12 → ☐

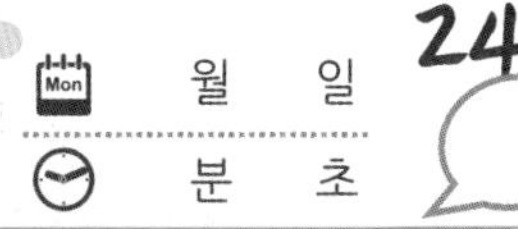

# 19 몇십몇의 덧셈 (연습4)

월 일
분 초

24문제 중 문제 맞았어!

아래 문제의 값을 구하세요.

01. 41 + 01 =

02. 33 + 03 =

03. 02 + 34 =

04. 04 + 45 =

05. 45 + 50 =

06. 21 + 20 =

07. 50 + 37 =

08. 30 + 17 =

09. 27 + 32 =

10. 42 + 51 =

11. 33 + 45 =

12. 21 + 23 =

13. 44 + 12 =

14. 56 + 31 =

15. 25 + 44 =

16. 37 + 51 =

17. 42 + 21 =

18. 54 + 21 =

19. 61 + 18 =

20. 23 + 60 =

21. 16 + 43 =

22. 62 + 34 =

23. 73 + 12 =

24. 84 + 15 =

※ 실수가 없도록 꼼꼼히 풀어보세요.^^

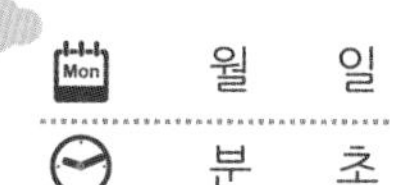
Mon 월 일
분 초

**문제) 우리 반은 남자가 21명 이고, 여자는 16명입니다. 우리반은 모두 몇 명일까요?**

풀이) 남자 수 =21　여자 수 = 16

전체 사람 수 = 남자 수 + 여자 수이므로

식은 21+16이고 값은 37명 입니다.

따라서 우리반은 모두 37명 입니다.

식) 21+16　답) 37명

**아래의 문제를 풀어보세요.**

**01.** 연주네 농장은 소 32마리와 돼지 27마리를 키우고 있습니다. 소와 돼지를 모두 몇 마리 키우고 있을까요?

풀이) 소의 수 = [　] 마리, 돼지의 수 = [　] 마리

전체 수 = 소의 수 + 돼지의 수 이므로

식은 [　] 이고

답은 [　] 마리 입니다.

식) ________　답) [　] 마리

몇 마리인지 물으면 꼭 몇 마리라고 답해야 합니다.

**02.** 대환이는 구슬이 42개고 동생은 대환이 보다 12개가 더 많이 있습니다. 동생은 구슬이 몇 개일까요?

풀이) 대환이 구슬 수 = [　] 개

동생의 구슬 수 = 대환이 구슬 수 + [　] 개 이므로

식은 [　] 이고

답은 [　] 개 입니다.

식) ________　답) [　] 개

**03.** 사탕 2봉지를 샀습니다. 한 봉지에는 39개가들었고, 다른 봉지에는 40개 였습니다. 사탕은 모두 몇 개일까요?.

풀이) 사탕 수 = [　] 개, [　] 개

전체 사탕 수 = 두 봉지의 사탕 수의 합이므로

식은 [　] 이고

답은 [　] 개 입니다.

식) ________　답) [　] 개

**04.** 우리집은 쿠폰을 21장 모았고, 친구집은 16장을 모았습니다. 두 집의 쿠폰은 모두 몇 장인지 식과 답을 적으세요.

풀이)　( 식 4점 답 3점 )

식) ________　답) [　] 장

## 확인 (틀린 문제의 수를 적고, 약한 부분을 보충하세요.)

| 회차 | 틀린문제수 |
|---|---|
| 16 회 | 문제 |
| 17 회 | 문제 |
| 18 회 | 문제 |
| 19 회 | 문제 |
| 20 회 | 문제 |

## 오답노트 (앞에서 틀린 문제나 기억하고 싶은 문제를 적습니다.)

| 회 번 | |
|---|---|
| 문제 | 풀이 |

| 회 번 | |
|---|---|
| 문제 | 풀이 |

| 회 번 | |
|---|---|
| 문제 | 풀이 |

| 회 번 | |
|---|---|
| 문제 | 풀이 |

| 회 번 | |
|---|---|
| 문제 | 풀이 |

## 생각해보기 (배운 내용이 모두 이해 되었나요?)

■ 모두 이해하고 자신있다. → 다음 회로 넘어 갑니다.

■ 1~2문제 틀릴 수는 있겠지만 거의 이해한다.
→ 개념부분을 한번 더 읽고 다음 회로 넘어 갑니다.

■ 잘 모르는 것 같다.
→ 개념부분과 틀린문제를 한번 더 보고 다음 회로 넘어 갑니다.

# 21 몇십몇과 몇의 뺄셈 (1)

**54 − 4 = 50 입니다.**

10의 자리가 5이고, 1의 자리가 4인 54와
10의 자리가 0이고, 1의 자리가 4인 4를 빼는 법은
10의 자리는 10의 자리 수끼리 빼서 10의 자리에 적고,
1의 자리는 1의 자리 수끼리 빼서 1의 자리에 적습니다.

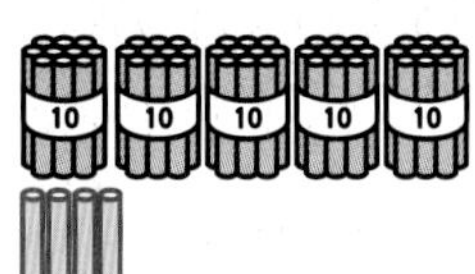 − 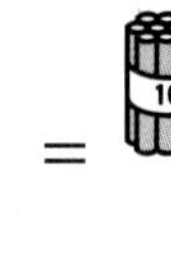 = 

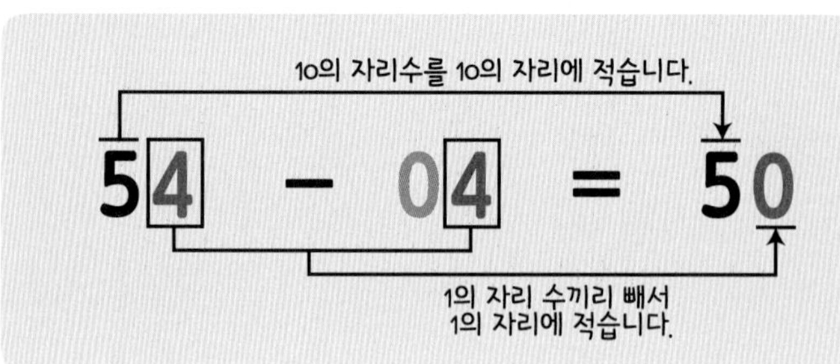


※ 모든 덧셈과 뺄셈은 1의 자리부터 계산을 하고, 10의 자리를 계산합니다.

아래 문제의 □에 알맞은 수를 적으세요.

01. 51 − 1 = □

02. 63 − 3 = □

03. 74 − 4 = □

04. 86 − 6 = □

05. 82 − 2 = □

06. 97 − 7 = □

07. 95 − 5 = □

08. 52 − 2 = □

09. 68 − 8 = □

10. 74 − 4 = □

11. 85 − 5 = □

12. 99 − 9 = □

13. 67 − 7 = □

14. 56 − 6 = □

15. 54 − □ = 50

16. 66 − □ = 60

17. 75 − □ = 70

18. □ − 3 = 80

19. □ − 7 = 90

20. □ − 2 = 70

21. □ − 8 = 60

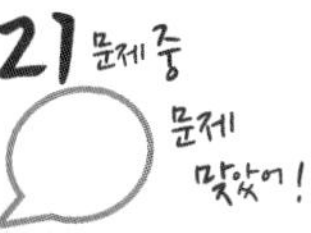

# 22 몇십몇과 몇의 뺄셈 (2)

월 일
분 초

21 문제 중 문제 맞았어!

**54 − 2 = 52** 입니다.

10의 자리가 5이고, 1의 자리가 4인 54와
10의 자리가 0이고, 1의 자리가 2인 2를 빼는 방법은
10의 자리는 10의 자리 수끼리 빼서 10의 자리에 적고,
1의 자리는 1의 자리 수끼리 빼서 1의 자리에 적습니다.

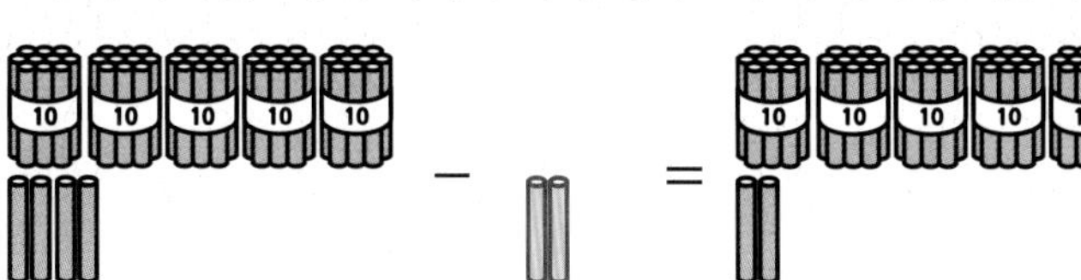

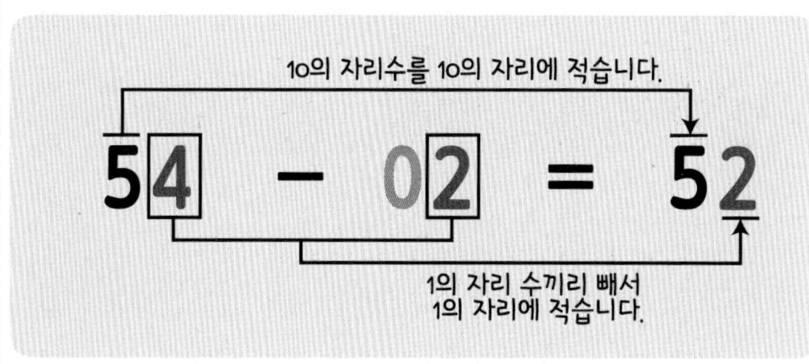


※ 모든 덧셈과 뺄셈은 1의 자리부터 계산을 하고, 10의 자리를 계산합니다.

아래 문제의 □에 알맞은 수를 적으세요.

01. 64 − 1 = □
02. 76 − 3 = □
03. 87 − 4 = □
04. 65 − 2 = □
05. 99 − 3 = □
06. 56 − 5 = □
07. 73 − 1 = □

08. 84 − 2 = □
09. 78 − 5 = □
10. 49 − 6 = □
11. 56 − 3 = □
12. 78 − 7 = □
13. 99 − 8 = □
14. 47 − 2 = □

15. 56 − □ = 54
16. 67 − □ = 63
17. 79 − □ = 75
18. □ − 2 = 84
19. □ − 5 = 93
20. □ − 1 = 77
21. □ − 6 = 62

이어서 나는 □ 을(를) 공부/연습할거야!!

**52 − 10 = 42** 입니다.

10의 자리가 5이고, 1의 자리가 2인 52와
10의 자리가 1이고, 1의 자리가 0인 10을 빼는 법은
10의 자리는 10의 자리 수끼리 빼서 10의 자리에 적고,
1의 자리는 1의 자리 수끼리 빼서 1의 자리에 적습니다.

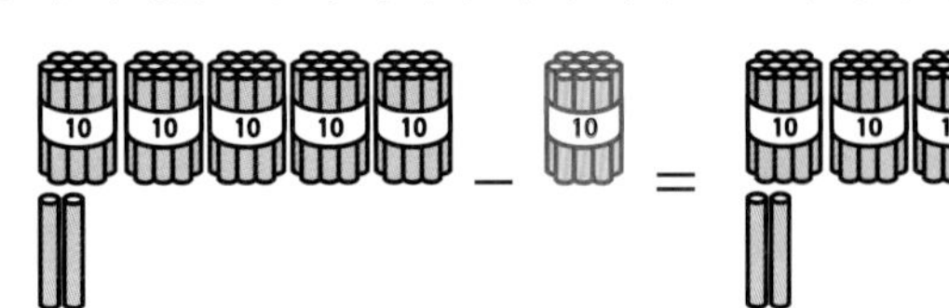

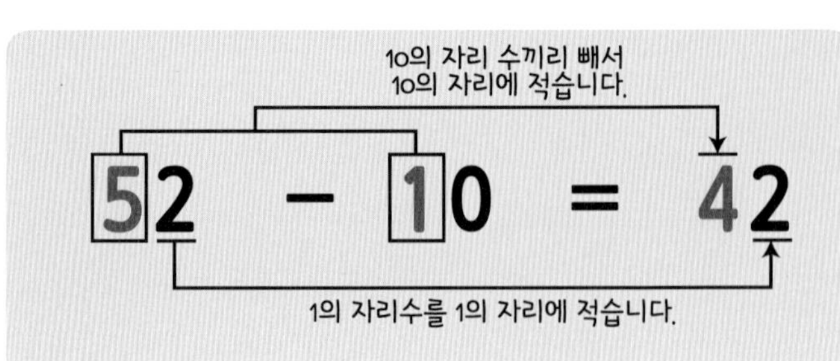

아래 문제의 □에 알맞은 수를 적으세요.

01. 54 − 10 = □

02. 63 − 30 = □

03. 71 − 20 = □

04. 82 − 10 = □

05. 55 − 30 = □

06. 41 − 40 = □

07. 33 − 20 = □

08. 52 − 40 = □

09. 71 − 50 = □

10. 65 − 30 = □

11. 63 − 10 = □

12. 54 − 20 = □

13. 61 − 40 = □

14. 82 − 50 = □

15. 84 − □ = 44

16. 76 − □ = 26

17. 65 − □ = 15

18. □ − 20 = 33

19. □ − 50 = 47

20. □ − 30 = 62

21. □ − 40 = 28

**53 − 12 = 41** 입니다.

10의 자리가 5이고, 1의 자리가 3인 53과
10의 자리가 1이고, 1의 자리가 2인 12를 빼는 방법은
10의 자리는 10의 자리 수끼리 빼서 10의 자리에 적고,
1의 자리는 1의 자리 수끼리 빼서 1의 자리에 적습니다.

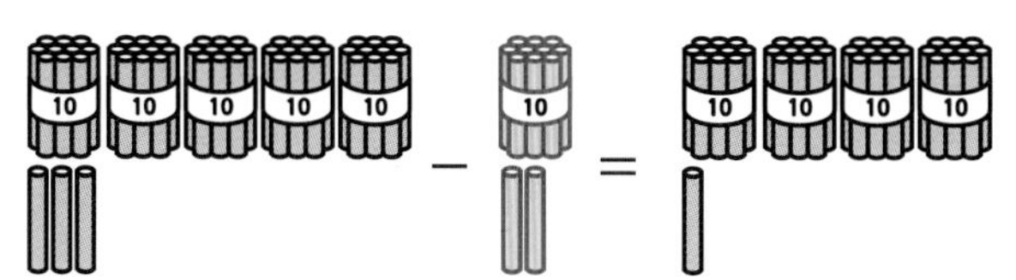

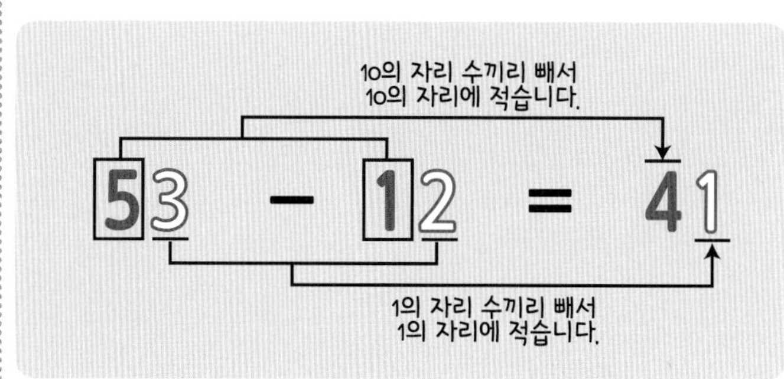


※ 모든 덧셈과 뺄셈은 반드시 같은 자리 수끼리 계산해 줍니다.
일의 자리부터 계산하고, 십의 자리를 계산해 주는 것이 좋습니다.

아래 문제의 □에 알맞은 수를 적으세요.

01. 34 − 21 = □

02. 46 − 13 = □

03. 57 − 42 = □

04. 65 − 34 = □

05. 73 − 32 = □

06. 89 − 56 = □

07. 54 − 04 = □

08. 58 − 03 = □

09. 67 − 60 = □

10. 76 − 70 = □

11. 74 − 44 = □

12. 88 − 81 = □

13. 53 − 21 = □

14. 64 − 33 = □

15. 75 − 45 = □

16. 89 − 14 = □

17. 67 − 21 = □

18. 54 − 33 = □

# 25 몇십몇－몇십몇 (연습)

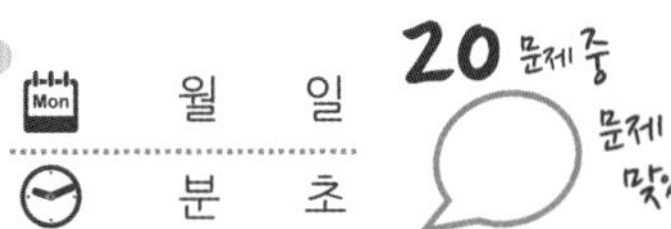

앞에서 배운 내용을 잘 생각해서, 아래의 빈칸에 알맞은 수를 적으세요.

01. 07 − 01 =

02. 24 − 20 =

03. 56 − 05 =

04. 83 − 43 =

05. 76 − 54 =

06. 67 − 41 =

07. 43 − 23 =

08. 58 − 50 =

09. 85 − 15 =

10. 76 − 30 =

11. 67 − 12 =

12. 38 − 21 =

13. 94 − 34 =

14. 47 − 13 =

15. 69 − 8 =

16. 57 − 20 =

17. 31 − 21 =

18. 83 − 12 =

19. 75 − 4 =

20. 96 − 23 =

## 확인 (틀린 문제의 수를 적고, 약한 부분을 보충하세요.)

| 회차 | 틀린문제수 |
|---|---|
| 21 회 | 문제 |
| 22 회 | 문제 |
| 23 회 | 문제 |
| 24 회 | 문제 |
| 25 회 | 문제 |

## 생각해보기 (배운 내용이 모두 이해되었나요?)

■ 모두 이해하고 자신있다. → 다음 회로 넘어 갑니다.

■ 1~2문제 틀릴 수는 있겠지만 거의 이해한다.
→ 개념부분을 한번 더 읽고 다음 회로 넘어 갑니다.

■ 잘 모르는 것 같다.
→ 개념부분과 틀린문제를 한번 더 보고 다음 회로 넘어 갑니다.

## 오답노트 (앞에서 틀린 문제나 기억하고 싶은 문제를 적습니다.)

| 회 번 | |
|---|---|
| 문제 | 풀이 |

| 회 번 | |
|---|---|
| 문제 | 풀이 |

| 회 번 | |
|---|---|
| 문제 | 풀이 |

| 회 번 | |
|---|---|
| 문제 | 풀이 |

| 회 번 | |
|---|---|
| 문제 | 풀이 |

# 26 몇십몇의 뺄셈 (연습1)

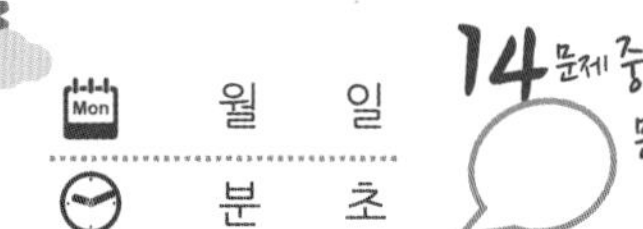

월 일
분 초

14문제 중 문제 맞았어요

보기와 같이 두 수를 빼서 밑에 적어 보세요.

| | | |
|---|---|---|
| 보기 | 29 | 13 |
| | 16 | |

29-13의 값을 적으세요.

| 번호 | | |
|---|---|---|
| 01. | 32 | 20 |
| 02. | 65 | 5 |
| 03. | 47 | 37 |
| 04. | 56 | 52 |
| 05. | 86 | 12 |
| 06. | 97 | 5 |
| 07. | 65 | 31 |
| 08. | 49 | 23 |
| 09. | 78 | 14 |
| 10. | 62 | 52 |
| 11. | 73 | 30 |
| 12. | 54 | 23 |
| 13. | 95 | 41 |
| 14. | 87 | 25 |

# 27 몇십몇의 뺄셈 (연습2)

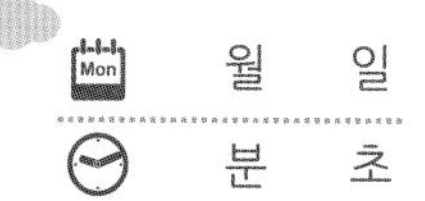

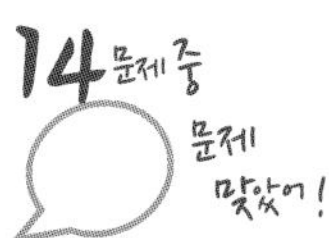

보기와 같이 두 수를 빼서 빈칸에 알맞은 수를 적어 보세요.

보기
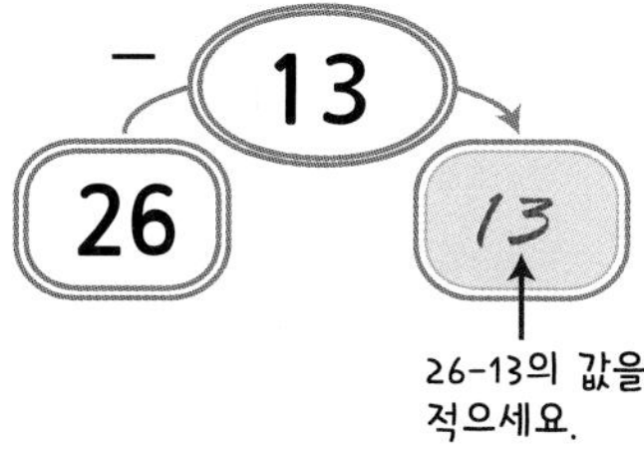


01.
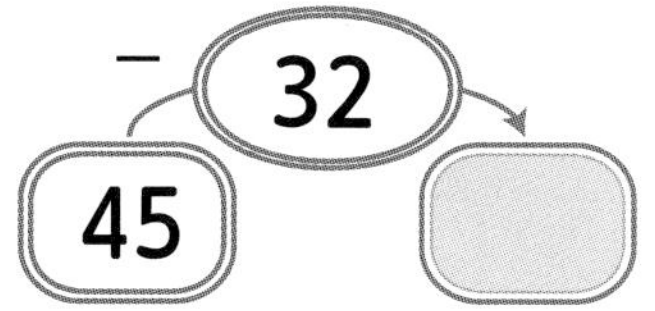


02.
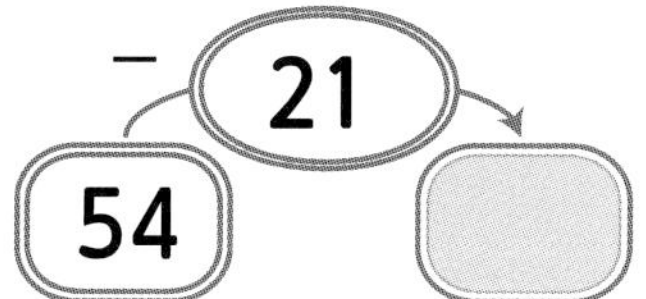


03.
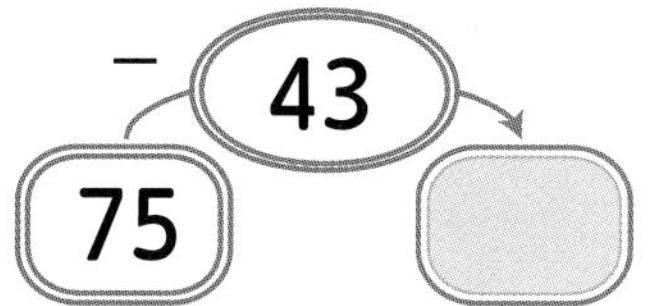


04.

05.
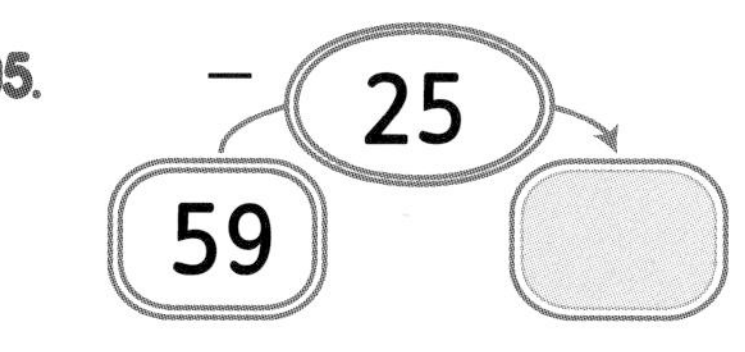


06.
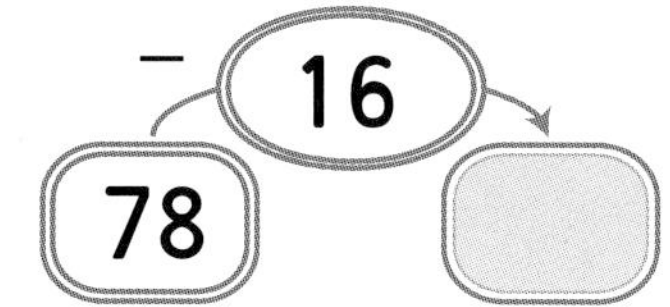


07.
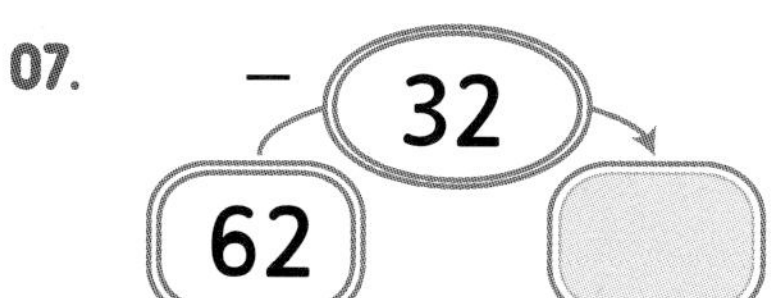


08.

09.
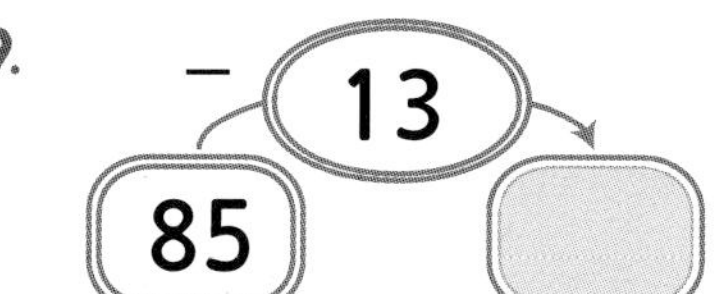


10.
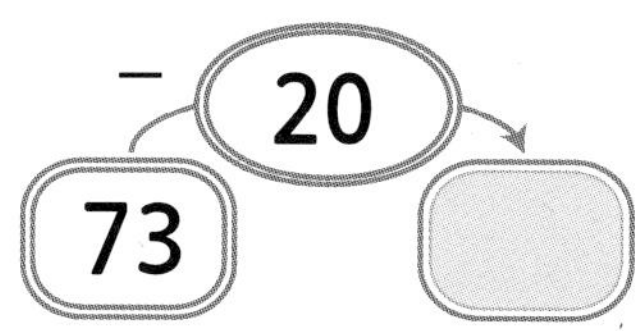


11.
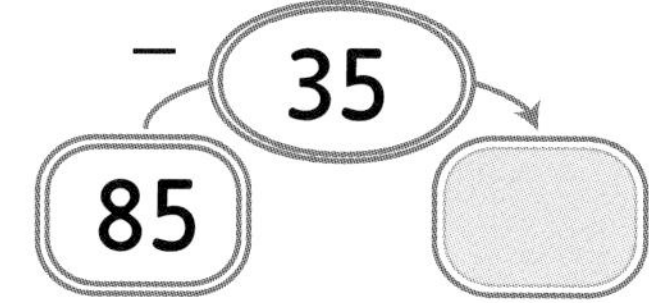


12.
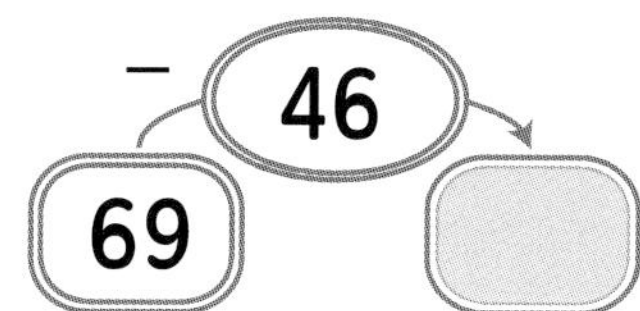


13.

14.
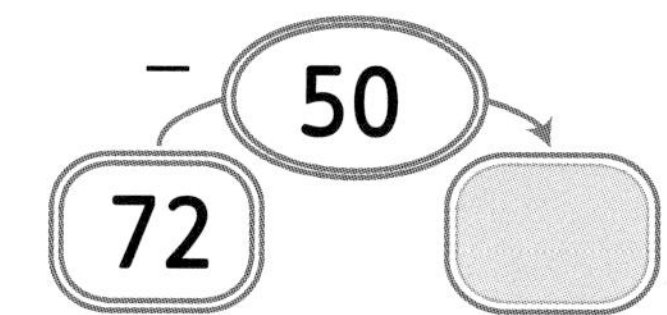

# 28 몇십몇의 뺄셈 (연습3)

월 일

분 초

9 문제 중 문제 맞음

위의 숫자가 아래의 통에 들어가면 나오는 수를 계산해서 ☐에 적으세요.

01.

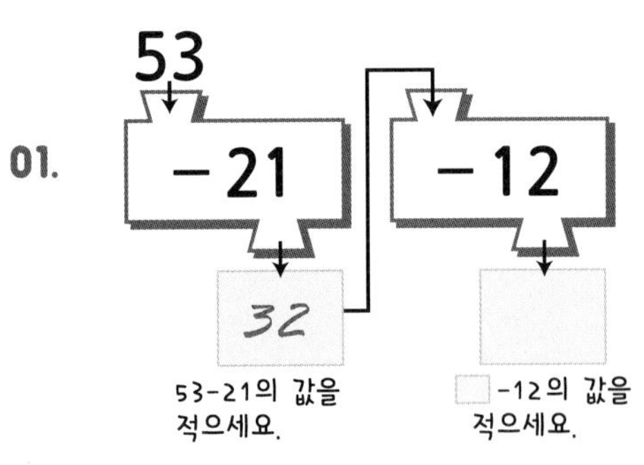


02.

67

−11 −24

03.

48

−4 −12

04.

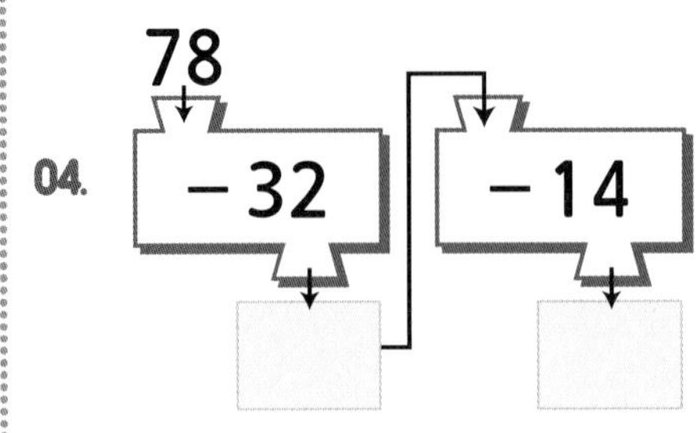


05.

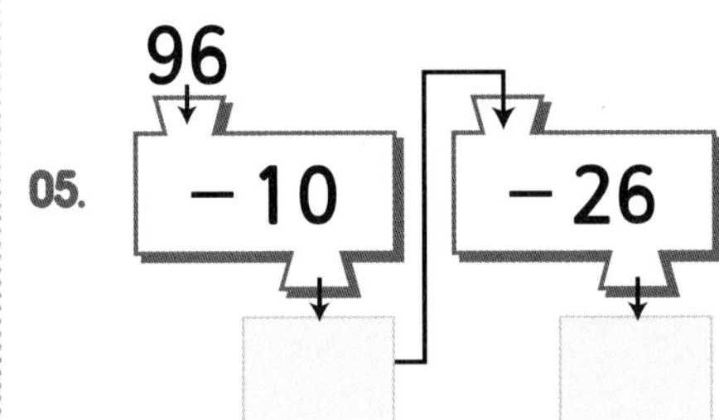


06.

89

−23 −5

07.

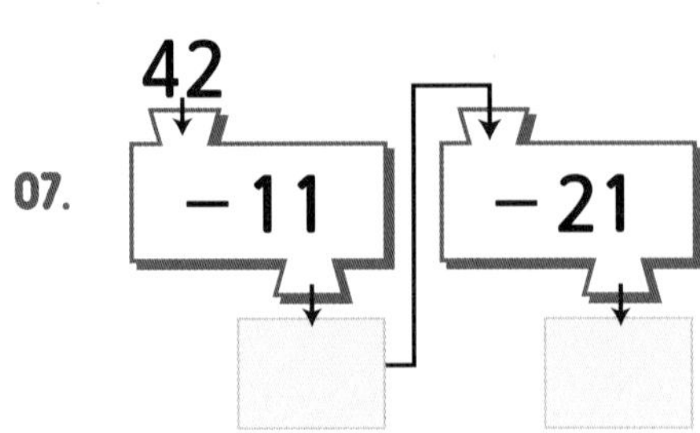


08.

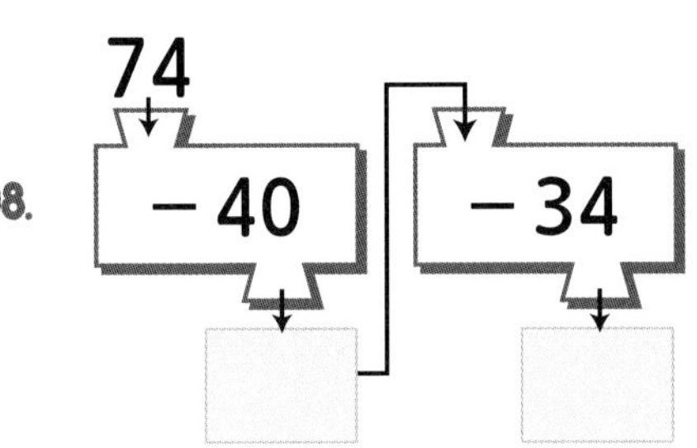


09.

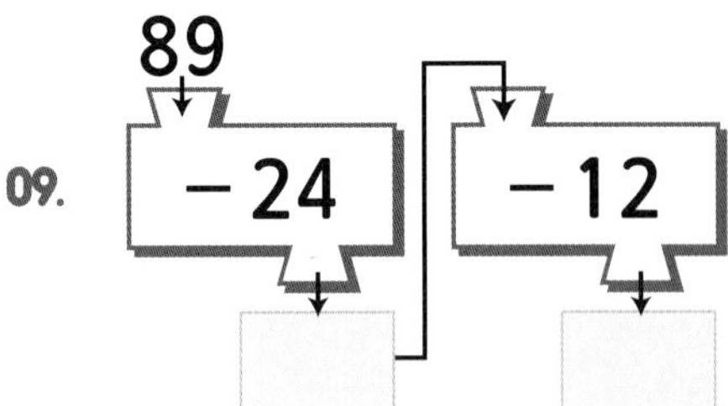

# 29 몇십몇의 빼셈 (연습4)

월 일
분 초

24문제 중 문제 맞았어!

아래 문제의 값을 구하세요.

01. 50 − 10 =

02. 70 − 30 =

03. 41 − 01 =

04. 33 − 03 =

05. 74 − 30 =

06. 56 − 50 =

07. 85 − 55 =

08. 71 − 21 =

09. 57 − 32 =

10. 62 − 51 =

11. 75 − 43 =

12. 96 − 23 =

13. 84 − 12 =

14. 56 − 31 =

15. 75 − 44 =

16. 97 − 51 =

17. 88 − 16 =

18. 75 − 21 =

19. 69 − 18 =

20. 97 − 65 =

21. 76 − 43 =

22. 68 − 34 =

23. 73 − 12 =

24. 99 − 15 =

# 30 몇십몇의 뺄셈 (생각문제1)

문제) 우리 반은 모두 **39**명 입니다. 남자가 **18**명일때, 여자는 몇 명일까요?

풀이) 전체 사람 수 =39  남자 수 = 18
여자 수 = 전체 사람수 – 남자 수이므로
식은 39–18이고 값은 21 명 입니다.
따라서 우리반의 여자는 21명 입니다.

식) 39–18  답) 21명

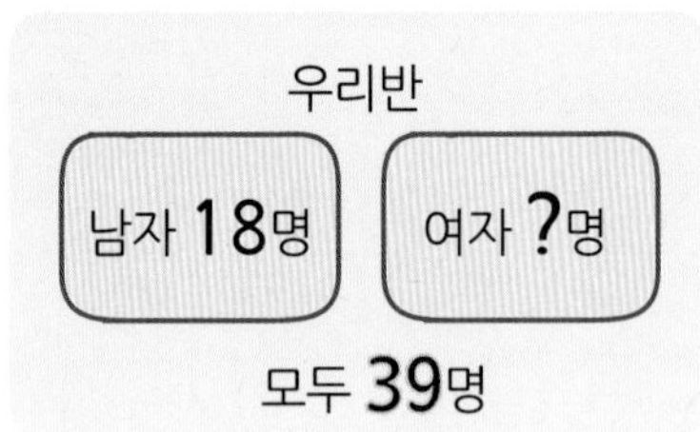

아래의 문제를 풀어보세요.

**01.** **59**명이 탈 수 있는 버스가 있습니다. 지금 **23**명이 타고 있으면, 몇 명이 더 탈 수 있을까요?

풀이) 탈 수 있는 사람 수 = ☐ 명
지금 타고 있는 사람 수 = ☐ 명
더 탈 수 있는 사람 수 = 탈 수 있는 사람 수 – 지금 사람 수
이므로 식은 ☐ 이고
답은 ☐ 명 입니다.

식) ________  답) ☐ 명

**02.** 윤희는 동화책을 **68**권 가지고 있습니다. 민지는 윤희보다 **13**권 적게 가졌다면, 민지가 가진 동화책은 몇 권일까요?

풀이) 윤희의 동화책 수 = ☐ 권
민지의 동화책 수 = 윤희의 동화책 수 ☐ 13권
이므로 식은 ☐ 이고
답은 ☐ 권 입니다.

식) ________  답) ☐ 권

몇 권인지 물으면 꼭 몇 권라고 답해야 합니다.

**03.** **21**, **32**, **64**의 수 중에 제일 큰 수에서 제일 작은 수를 빼면 얼마일까요?

풀이) 21, 32, 64 중 가장 큰 수 = ☐
21, 32, 64 중 가장 작은 수 = ☐ 이므로
식은 ☐ 이고
답은 ☐ 입니다.

식) ________  답) ☐

**04.** **76**, **36**, **43**, **12** 중 제일 큰 수에서 제일 작은 수를 빼면 얼마가 되는지 구하는 식을 쓰고, 답을 적으세요

( 식 4점 답 3점 )

풀이)

식) ________  답) ☐

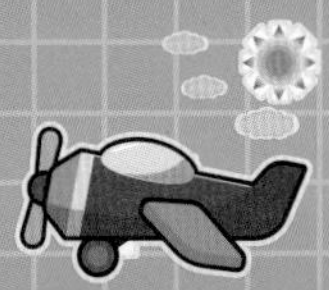

## 확인 (틀린 문제의 수를 적고, 약한 부분을 보충하세요.)

| 회차 | 틀린문제수 |
|---|---|
| 26 회 | 문제 |
| 27 회 | 문제 |
| 28 회 | 문제 |
| 29 회 | 문제 |
| 30 회 | 문제 |

## 오답노트 (앞에서 틀린 문제나 기억하고 싶은 문제를 적습니다.)

| 회 번 | |
|---|---|
| 문제 | 풀이 |

| 회 번 | |
|---|---|
| 문제 | 풀이 |

| 회 번 | |
|---|---|
| 문제 | 풀이 |

| 회 번 | |
|---|---|
| 문제 | 풀이 |

| 회 번 | |
|---|---|
| 문제 | 풀이 |

## 생각해보기 (배운 내용이 모두 이해되었나요?)

■ 모두 이해하고 자신있다. → 다음 회로 넘어 갑니다.

■ 1~2문제 틀릴 수는 있겠지만 거의 이해한다.
→ 개념부분을 한번 더 읽고 다음 회로 넘어 갑니다.

■ 잘 모르는 것 같다.
→ 개념부분과 틀린문제를 한번 더 보고 다음 회로 넘어 갑니다.

# 31 몇십과 몇의 밑으로 덧셈

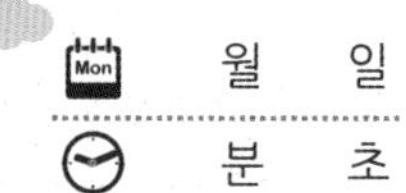

월 일
분 초

9 문제 중 문제 맞

## 50 + 2 의 밑으로 계산 (세로셈)

① 50 + 2를 아래와 같이 적습니다.

| | 5 | 0 |
|---|---|---|
| + | | 2 |
| | | |

② 1의 자리 끼리 더해서 1의 자리에 적습니다.

| | 5 | 0 |
|---|---|---|
| + | | 2 |
| | | 2 |

③ 10의 자리 끼리 더해서 10의 자리에 적습니다.

| | 5 | 0 |
|---|---|---|
| + | | 2 |
| | 5 | 2 |

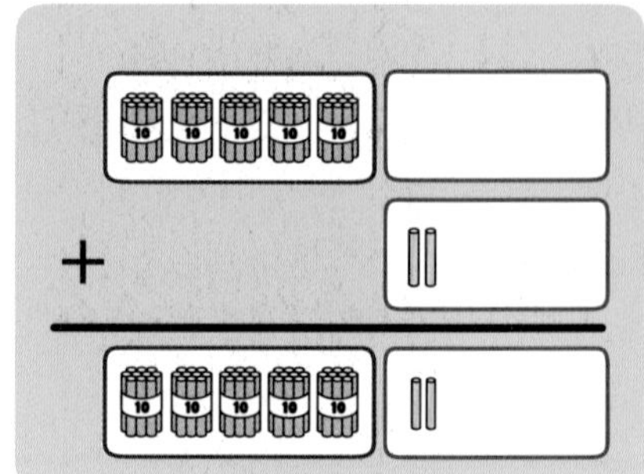

식을 밑으로 적어서 계산하고, 값을 적으세요.

**01.** 50 + 6 = ☐

| | 5 | 0 |
|---|---|---|
| + | | 6 |
| | | |

**02.** 60 + 4 = ☐

| | 6 | 0 |
|---|---|---|
| + | | 4 |
| | | |

※ 반드시 앞의 수를 위에 적고 뒤의 수를 밑에 적습니다. 푸는 방법은 같습니다.

**03.** 70 + 3 = ☐

| | 7 | 0 |
|---|---|---|
| + | | 3 |
| | | |

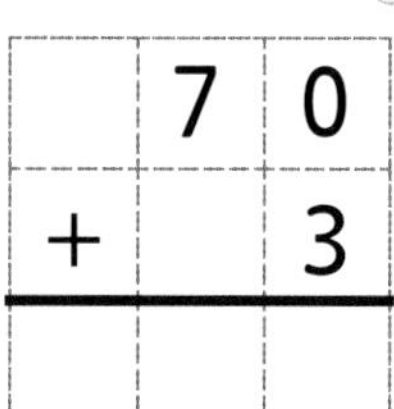

**04.** 80 + 1 = ☐

| | | |
|---|---|---|
| + | | |
| | | |

**05.** 90 + 2 = ☐

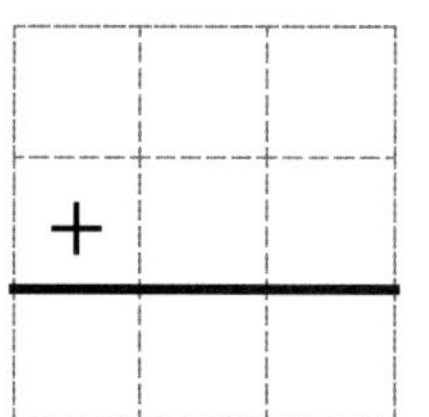

| | | |
|---|---|---|
| + | | |
| | | |

**06.** 50 + 8 = ☐

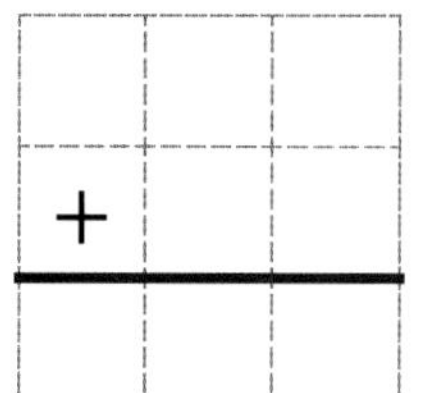

| | | |
|---|---|---|
| + | | |
| | | |

**07.** 60 + 7 = ☐

| | | |
|---|---|---|
| | | |
| | | |

+ 기호도 꼭 적으세요

**08.** 70 + 5 = ☐

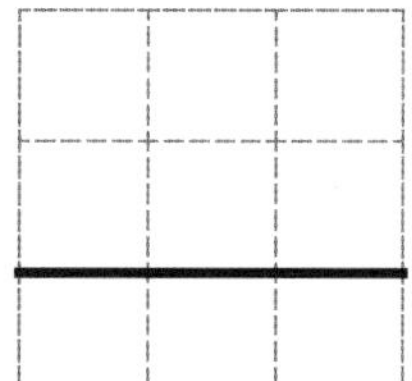

**09.** 80 + 9 = ☐

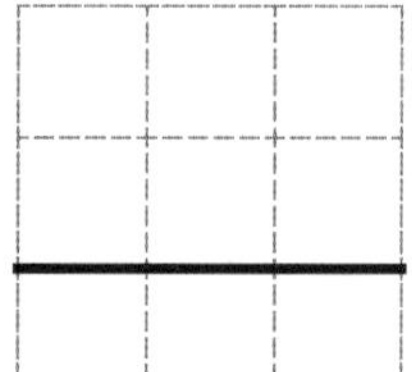

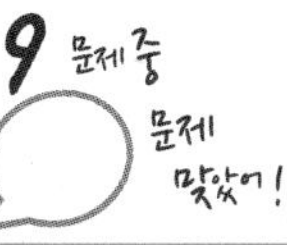

## 54 + 2 의 밑으로 계산 (세로셈)

① 54 + 2를 아래와 같이 적습니다.

| | 5 | 4 |
|---|---|---|
| + | | 2 |
| | | |

② 1의 자리 끼리 더해서 1의 자리에 적습니다.

| | 5 | 4 |
|---|---|---|
| + | | 2 |
| | | 6 |

③ 10의 자리 끼리 더해서 10의 자리에 적습니다.

| | 5 | 4 |
|---|---|---|
| + | | 2 |
| | 5 | 6 |

※ 반드시 일의 자리부터 계산합니다.

식을 밑으로 적어서 계산하고, 값을 적으세요.

01. 54 + 3 = ☐

| | 5 | 4 |
|---|---|---|
| + | | 3 |
| | | |

02. 6 + 63 = ☐

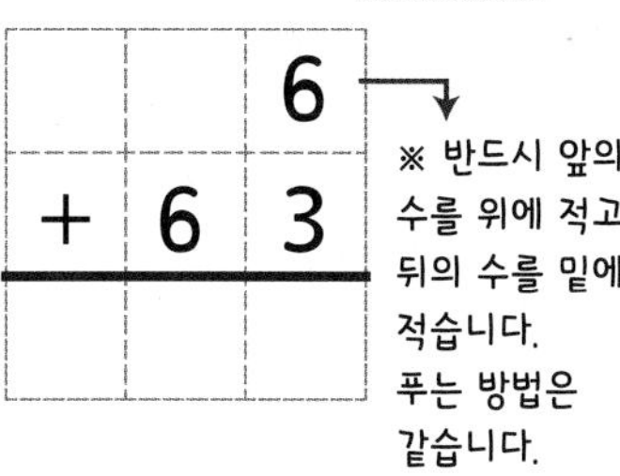

| | | 6 |
|---|---|---|
| + | 6 | 3 |
| | | |

※ 반드시 앞의 수를 위에 적고 뒤의 수를 밑에 적습니다. 푸는 방법은 같습니다.

03. 7 + 21 = ☐

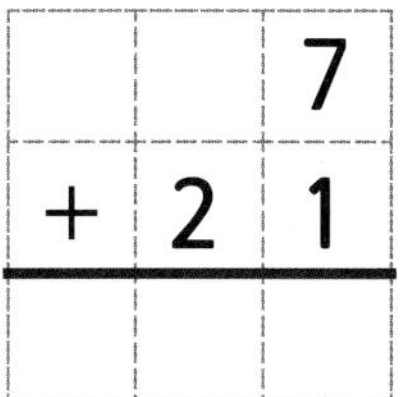

| | | 7 |
|---|---|---|
| + | 2 | 1 |
| | | |

04. 81 + 6 = ☐

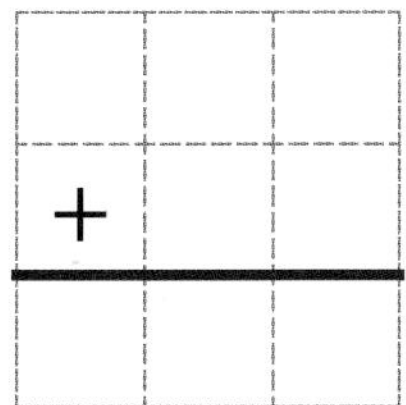

05. 92 + 5 = ☐

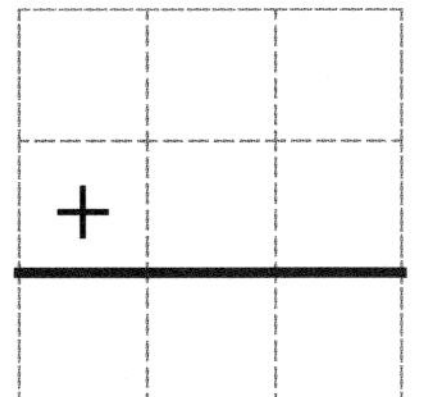

06. 55 + 2 = ☐

07. 2 + 67 = ☐

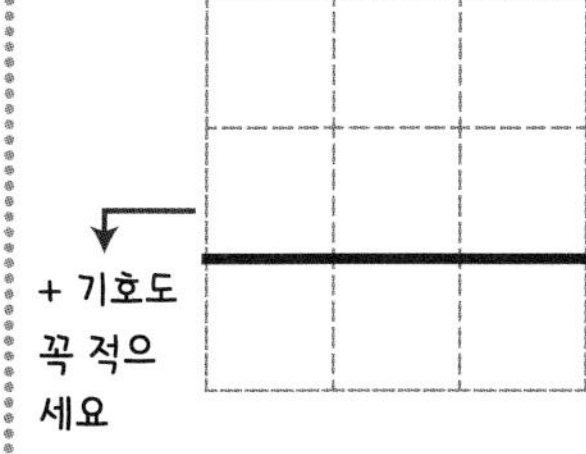

+ 기호도 꼭 적으세요

08. 4 + 71 = ☐

09. 3 + 84 = ☐

# 33 몇십몇과 몇십의 밑으로 덧셈

## 24 + 30 의 밑으로 계산 (세로셈)

① 24 + 30를 아래와 같이 적습니다.

| | | |
|---|---|---|
| | 2 | 4 |
| + | 3 | 0 |
| | | |

② 1의 자리 끼리 더해서 1의 자리에 적습니다.

| | | |
|---|---|---|
| | 2 | 4 |
| + | 3 | 0 |
| | | 4 |

③ 10의 자리 끼리 더해서 10의 자리에 적습니다.

| | | |
|---|---|---|
| | 2 | 4 |
| + | 3 | 0 |
| | 5 | 4 |

※ 반드시 일의 자리부터 계산합니다.

식을 밑으로 적어서 계산하고, 값을 적으세요.

01. 54 + 30 =

| | | |
|---|---|---|
| | 5 | 4 |
| + | 3 | 0 |
| | | |

02. 20 + 63 =

| | | |
|---|---|---|
| | 2 | 0 |
| + | 6 | 3 |
| | | |

※ 반드시 앞의 수를 위에 적고 뒤의 수를 밑에 적습니다. 푸는 방법은 같습니다.

03. 70 + 21 =

| | | |
|---|---|---|
| | 7 | 0 |
| + | 2 | 1 |
| | | |

04. 81 + 10 =

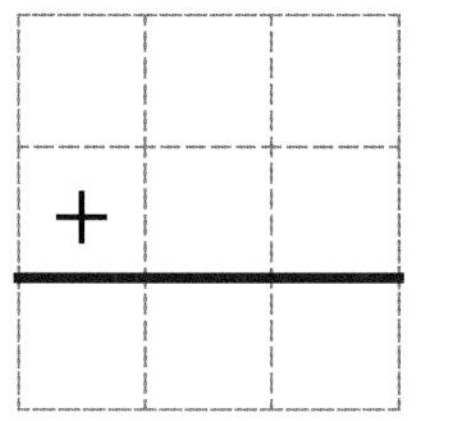


05. 42 + 30 =

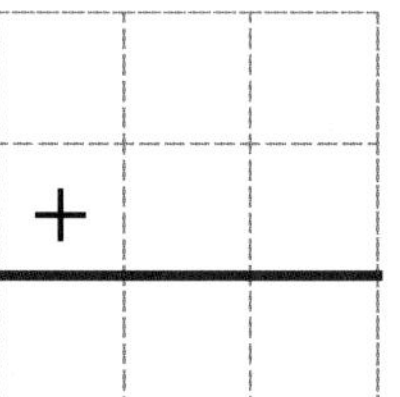


06. 55 + 40 =

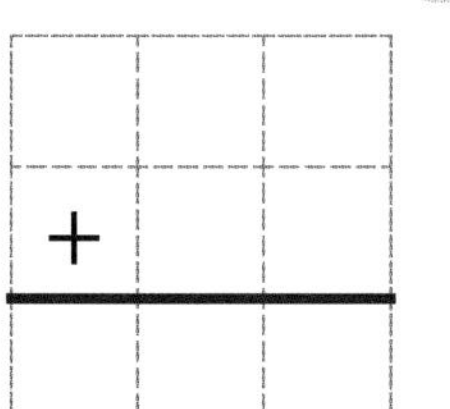


07. 20 + 37 =

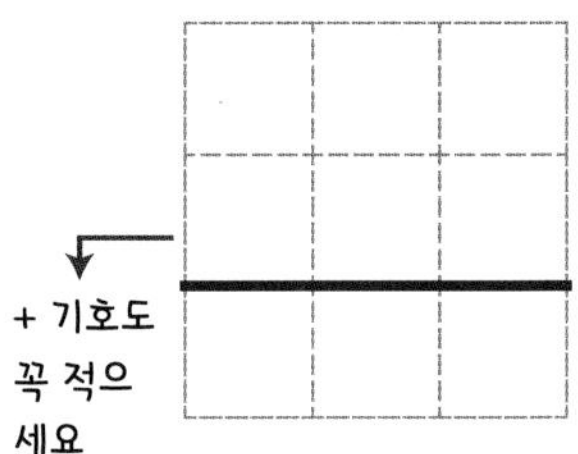


08. 40 + 21 =

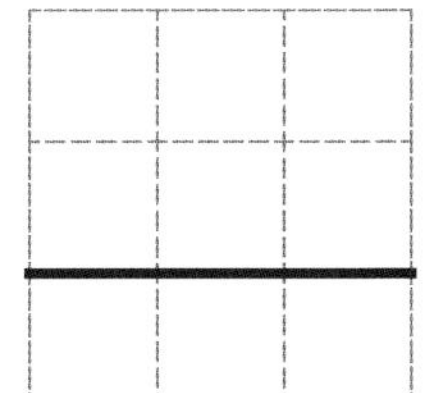

09. 30 + 44 =

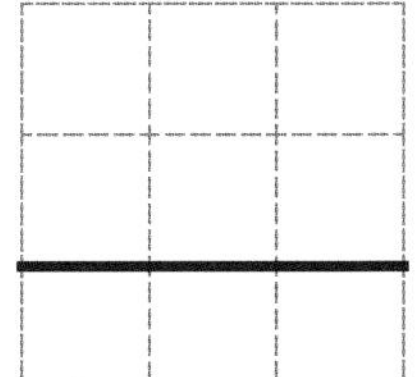

## 24 + 35 의 밑으로 계산 (세로셈)

① 24 + 35를 아래와 같이 적습니다.

| | 2 | 4 |
|---|---|---|
| + | 3 | 5 |
| | | |

② 1의 자리 끼리 더해서 1의 자리에 적습니다.

| | 2 | 4 |
|---|---|---|
| + | 3 | 5 |
| | | 9 |

③ 10의 자리 끼리 더해서 10의 자리에 적습니다.

| | 2 | 4 |
|---|---|---|
| + | 3 | 5 |
| | 5 | 9 |

※ 반드시 꼭 일의 자리부터 계산합니다.

식을 밑으로 적어서 계산하고, 값을 적으세요.

01. 34 + 42 =

| | 3 | 4 |
|---|---|---|
| + | 4 | 2 |
| | | |

02. 61 + 13 =

| | 6 | 1 |
|---|---|---|
| + | 1 | 3 |
| | | |

※ 반드시 앞의 수를 위에 적고 뒤의 수를 밑에 적습니다. 푸는 방법은 같습니다.

03. 25 + 51 =

| | 2 | 5 |
|---|---|---|
| + | 5 | 1 |
| | | |

04. 12 + 64 =

| | | |
|---|---|---|
| + | | |
| | | |

05. 32 + 46 =

| | | |
|---|---|---|
| + | | |
| | | |

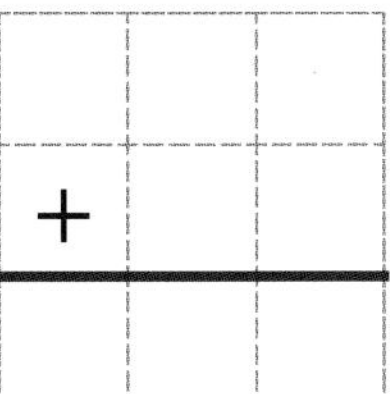

06. 65 + 22 =

| | | |
|---|---|---|
| + | | |
| | | |

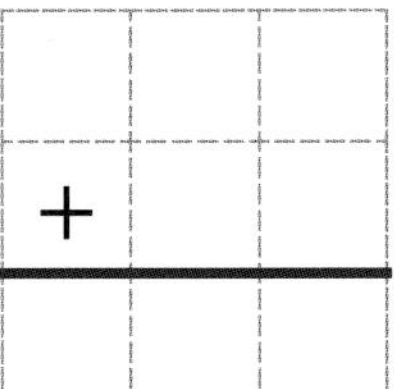

07. 53 + 35 =

| | | |
|---|---|---|
| | | |
| | | |

08. 27 + 41 =

| | | |
|---|---|---|
| | | |
| | | |

09. 32 + 64 =

| | | |
|---|---|---|
| | | |
| | | |

식을 밑으로 적어서 계산하고, 값을 적으세요.

01. 13 + 20 =

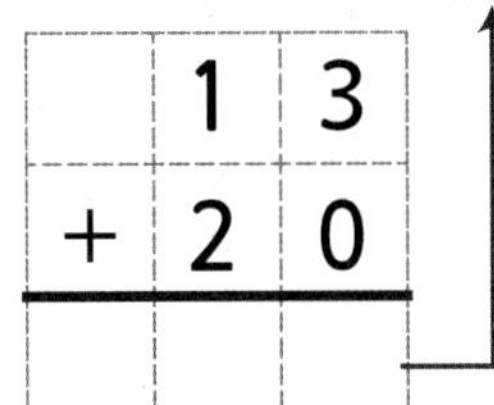


02. 41 + 55 =

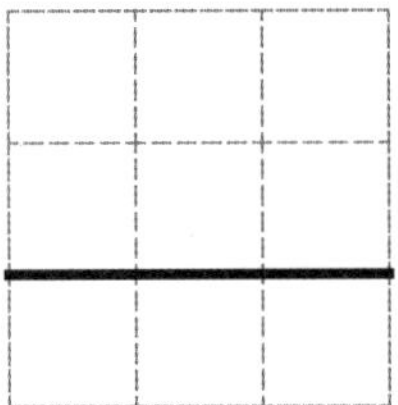

03. 25 + 36 =

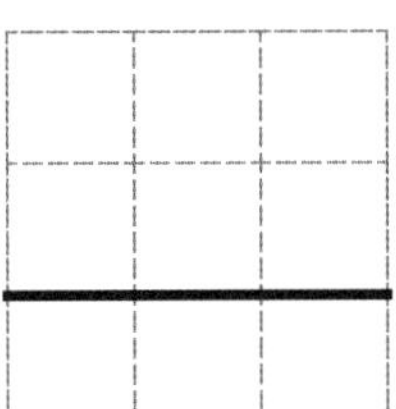

04. 12 + 75 =

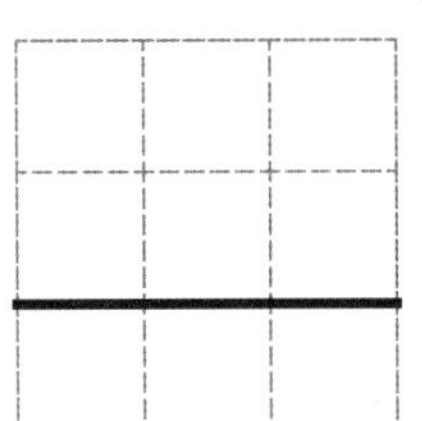

05. 44 + 43 =

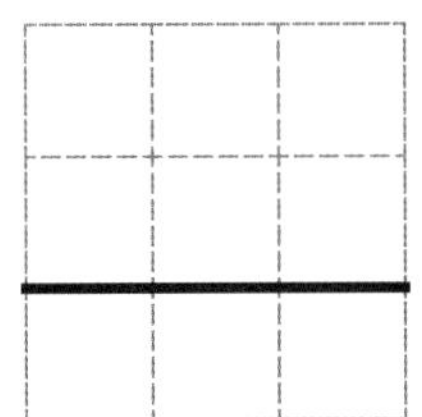

06. 26 + 32 =

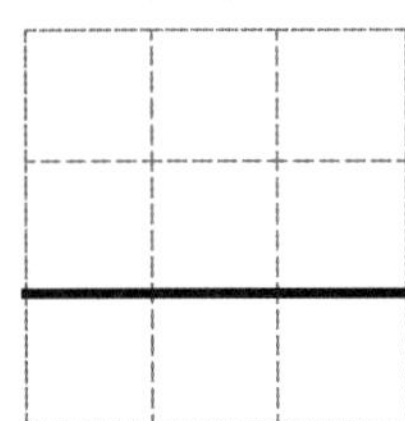

07. 32 + 64 =

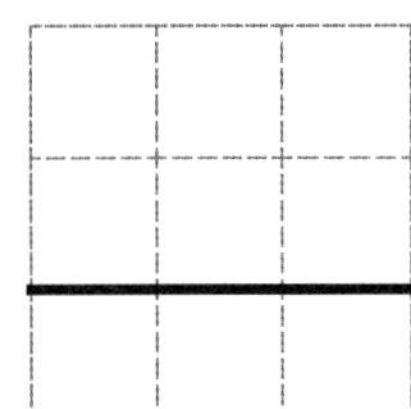

08. 11 + 47 =

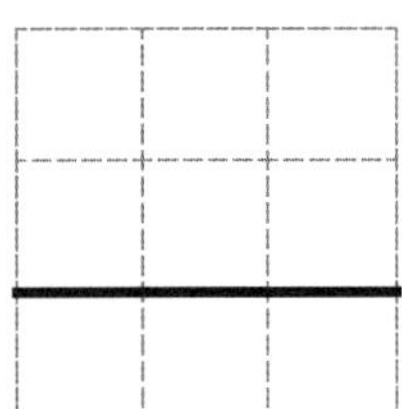

09. 27 + 61 =

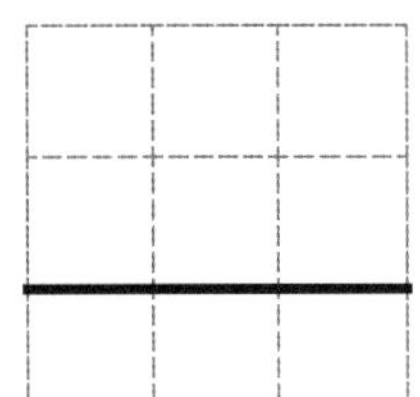

10. 45 + 32 =

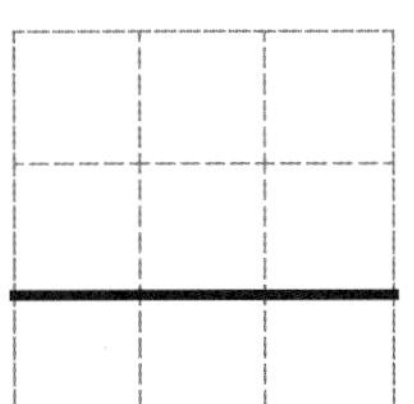

11. 37 + 41 =

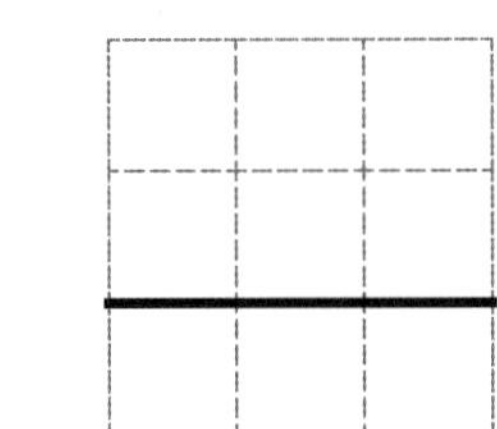

12. 25 + 73 =

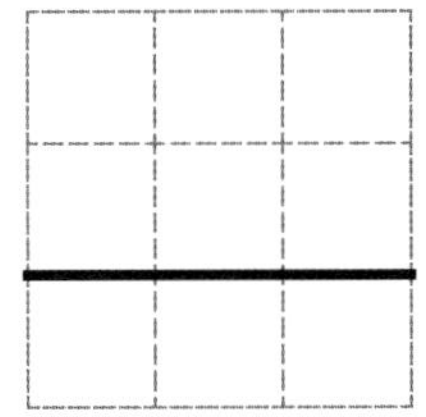

13. 31 + 28 =

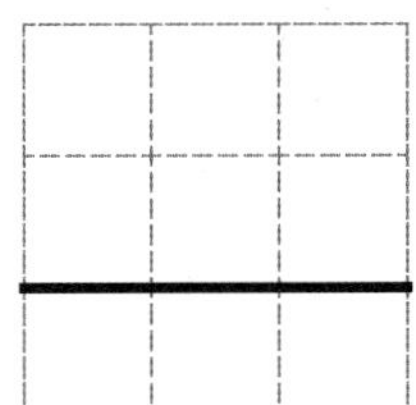

14. 55 + 19 =

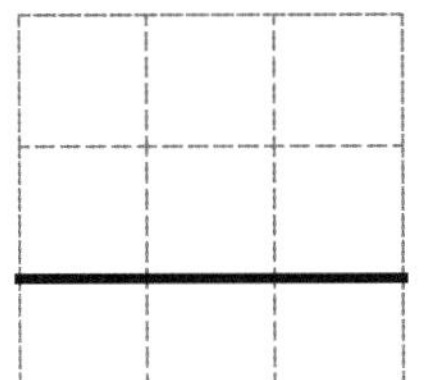

15. 42 + 24 =

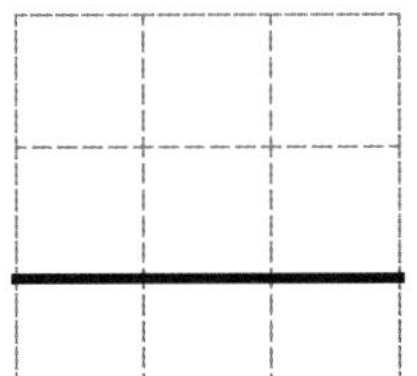

## 확인 (틀린 문제의 수를 적고, 약한 부분을 보충하세요.)

| 회차 | 틀린문제수 |
|---|---|
| 31 회 | 문제 |
| 32 회 | 문제 |
| 33 회 | 문제 |
| 34 회 | 문제 |
| 35 회 | 문제 |

## 생각해보기 (배운 내용이 모두 이해되었나요?)

■ 모두 이해하고 자신있다. → 다음 회로 넘어 갑니다.

■ 1~2문제 틀릴 수는 있겠지만 거의 이해한다.
→ 개념부분을 한번 더 읽고 다음 회로 넘어 갑니다.

■ 잘 모르는 것 같다.
→ 개념부분과 틀린문제를 한번 더 보고 다음 회로 넘어 갑니다.

## 오답노트 (앞에서 틀린 문제나 기억하고 싶은 문제를 적습니다.)

회 번

| 문제 | 풀이 |
|---|---|
| | |

회 번

| 문제 | 풀이 |
|---|---|
| | |

회 번

| 문제 | 풀이 |
|---|---|
| | |

회 번

| 문제 | 풀이 |
|---|---|
| | |

회 번

| 문제 | 풀이 |
|---|---|
| | |

# 36 밑으로 덧셈 (연습1)

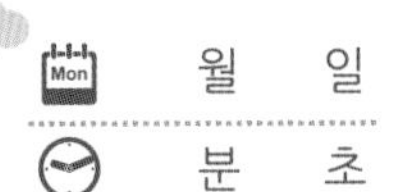

월 일
분 초

20문제 중 문제 맞았

계산해 보세요.

01. $\begin{array}{r} 34 \\ +\ \ 5 \\ \hline \end{array}$

02. $\begin{array}{r} 20 \\ +\ 47 \\ \hline \end{array}$

03. $\begin{array}{r} 6 \\ +\ 51 \\ \hline \end{array}$

04. $\begin{array}{r} 42 \\ +\ 30 \\ \hline \end{array}$

05. $\begin{array}{r} 15 \\ +\ 23 \\ \hline \end{array}$

06. $\begin{array}{r} 54 \\ +\ 41 \\ \hline \end{array}$

07. $\begin{array}{r} 42 \\ +\ 23 \\ \hline \end{array}$

08. $\begin{array}{r} 35 \\ +\ 52 \\ \hline \end{array}$

09. $\begin{array}{r} 71 \\ +\ 16 \\ \hline \end{array}$

10. $\begin{array}{r} 64 \\ +\ 34 \\ \hline \end{array}$

11. $\begin{array}{r} 21 \\ +\ 56 \\ \hline \end{array}$

12. $\begin{array}{r} 13 \\ +\ 64 \\ \hline \end{array}$

13. $\begin{array}{r} 42 \\ +\ 25 \\ \hline \end{array}$

14. $\begin{array}{r} 35 \\ +\ 43 \\ \hline \end{array}$

15. $\begin{array}{r} 54 \\ +\ 32 \\ \hline \end{array}$

16. $\begin{array}{r} 15 \\ +\ 43 \\ \hline \end{array}$

17. $\begin{array}{r} 36 \\ +\ 52 \\ \hline \end{array}$

18. $\begin{array}{r} 71 \\ +\ 24 \\ \hline \end{array}$

19. $\begin{array}{r} 43 \\ +\ 35 \\ \hline \end{array}$

20. $\begin{array}{r} 82 \\ +\ 17 \\ \hline \end{array}$

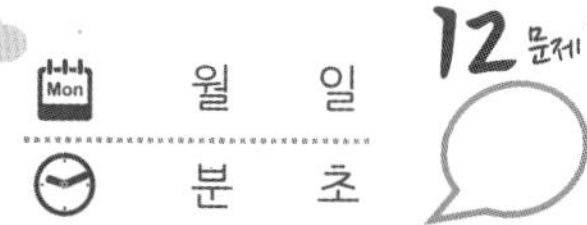


12 문제 중 □ 문제 맞았어!

□ 안에 들어갈 알맞은 수를 적으세요.

**01.**

|   |   |   |
|---|---|---|
|   | 3 | □ |
| + | □ | 5 |
|   | 8 | 7 |

어떤 수에 5를 더해 7이 되는 값을 구하세요. □ + 5 = 7 (7에서 5를 빼면 값을 알수 있습니다)

3에서 어떤 수를 더해 8이 되는 값을 구하세요. 3 + □ = 8 (8에서 3를 빼면 값을 알수 있습니다)

**02.**

|   |   |   |
|---|---|---|
|   | 5 | □ |
| + | □ | 0 |
|   | 7 | 5 |

**03.**

|   |   |   |
|---|---|---|
|   | 4 | 2 |
| + | □ | 3 |
|   | 9 | □ |

**04.**

|   |   |   |
|---|---|---|
|   | 6 | □ |
| + | 1 | 2 |
|   | □ | 6 |

**05.**

|   |   |   |
|---|---|---|
|   | 2 | □ |
| + | □ | 6 |
|   | 5 | 9 |

**06.**

|   |   |   |
|---|---|---|
|   | 3 | 6 |
| + | 1 | □ |
|   | □ | 9 |

**07.**

|   |   |   |
|---|---|---|
|   | 7 | 1 |
| + | □ | 4 |
|   | 9 | □ |

**08.**

|   |   |   |
|---|---|---|
|   | 5 | □ |
| + | 4 | 7 |
|   | □ | 7 |

**09.**

|   |   |   |
|---|---|---|
|   | 6 | □ |
| + | □ | 3 |
|   | 9 | 8 |

**10.**

|   |   |   |
|---|---|---|
|   | 3 | 5 |
| + | 1 | □ |
|   | □ | 6 |

**11.**

|   |   |   |
|---|---|---|
|   | 4 | 2 |
| + | □ | 6 |
|   | 6 | □ |

**12.**

|   |   |   |
|---|---|---|
|   | 2 | □ |
| + | 5 | 3 |
|   | □ | 9 |

# 38 밑으로 덧셈 (연습3)

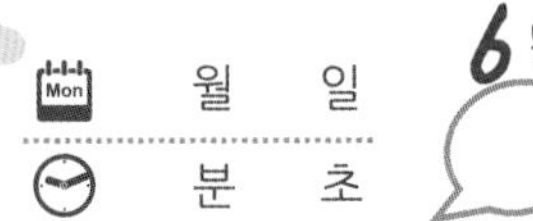

보기와 같이 옆의 두 수를 더해 옆에 적고, 밑의 두 수를 더해서 밑에 적으세요.

01.

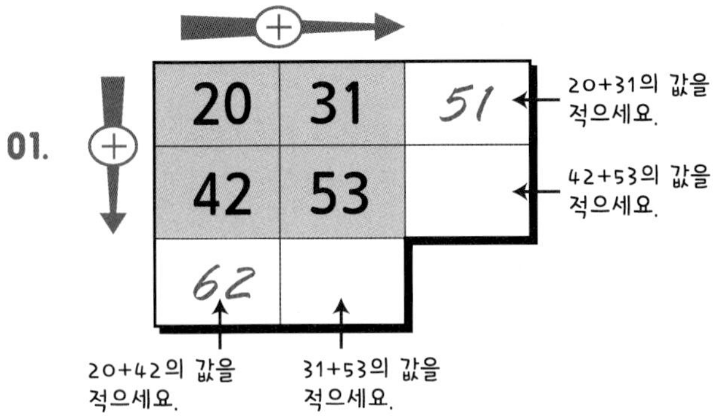


02.

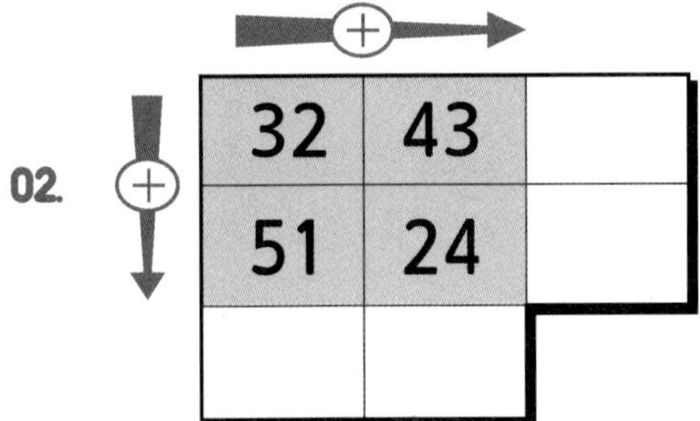


03.

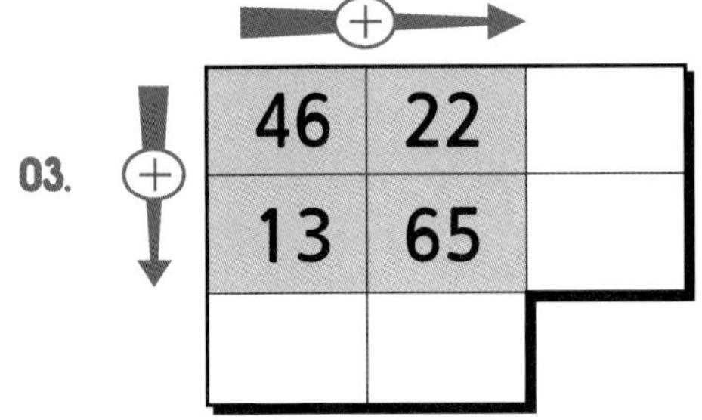


04.

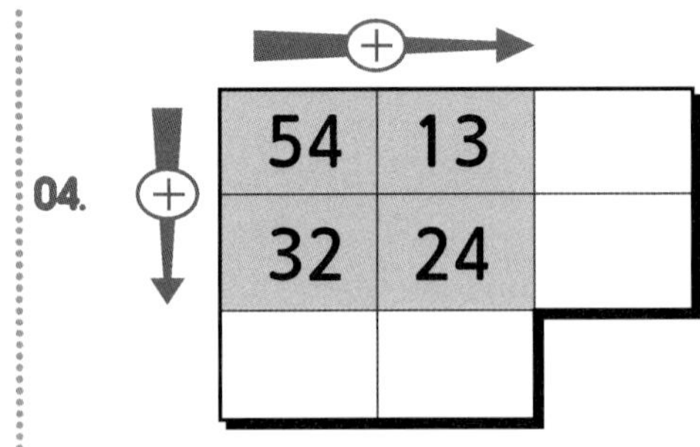


05.

| 64 | 31 | |
|---|---|---|
| 25 | 3 | |
| | | |

06.

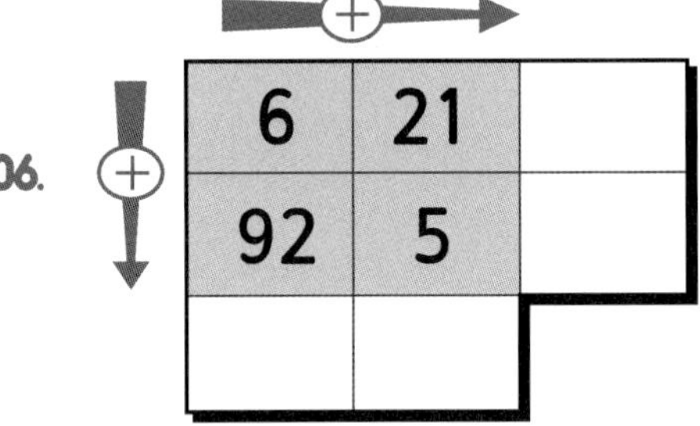

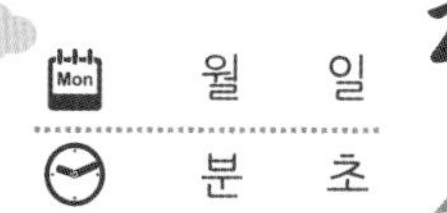
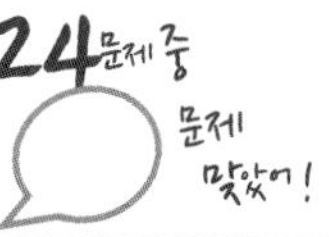

# 39 밑으로 덧셈 (연습4)

월 일
분 초

24문제 중 문제 맞았어!

아래 문제의 ☐에 알맞은 수를 적으세요.

01. 41 + 01 = ☐

02. 33 + 03 = ☐

03. 02 + 34 = ☐

04. 04 + 45 = ☐

05. 45 + 50 = ☐

06. 21 + 20 = ☐

07. 50 + 37 = ☐

08. 30 + 17 = ☐

09. 27 + 32 = ☐

10. 42 + 51 = ☐

11. 33 + 45 = ☐

12. 21 + 23 = ☐

13. 44 + 12 = ☐

14. 56 + 31 = ☐

15. 25 + 44 = ☐

16. 37 + 51 = ☐

17. 83 + 16 = ☐

18. 75 + 21 = ☐

19. 61 + 18 = ☐

20. 22 + 67 = ☐

21. 16 + 43 = ☐

22. 62 + 34 = ☐

23. 73 + 12 = ☐

24. 84 + 15 = ☐

이어서 나는 ☐ 을(를) 공부/연습할거야!!

월 일
분 초

**문제) 99페이지 짜리 동화책이 있습니다. 어제 사서 30페이지를 읽었고, 오늘 23페이지를 읽었습니다. 오늘까지 몇 페이지를 읽었을까요?**

풀이) 어제 읽은 페이지 = 30 오늘 읽은 페이지 = 23

읽은 페이지 = 어제 읽은 페이지 + 오늘 읽은 페이지이므로

식은 30+23 이고

답은 53페이지입니다.

식) 30+23 답) 53페이지

동화책

| 어제 30p | 오늘 23p | |
|---|---|---|

전체 99페이지

아래의 문제를 풀어보세요.

**01.** 저번 수학시험에서 72점을 받았지만, 이번 시험은 24점이 올랐습니다. 이번 시험 점수는 몇 점일까요?

풀이) 저번 시험점수 = ☐, 오른 점수 = ☐

이번 시험 점수 = 저번 시험점수 + 오른 점수 이므로

식은 ☐ 이고

답은 ☐ 점 입니다.

식 ) ________ 답 ) ☐

**02.** 집에서 학교까지 13분이 걸립니다. 오늘 집에서 32분에 출발했다면 학교에는 몇 분에 도착할까요?

풀이) 출발 시간 = ☐ 분, 걸리는 시간 = ☐ 분

도착시간 = 출발시간 ☐ 걸리는 시간 이므로

식은 ☐ 이고

답은 ☐ 분 입니다.

식 ) ________ 답 ) ☐

**03.** 1, 3, 6을 한번만 사용하여 몇십몇을 만들려고 합니다. 제일 큰 수인 63과 제일 작은 수인 13의 합은 얼마일까요?

풀이) 1, 3, 6으로 만들 수 있는 가장 큰 수 = ☐

1, 3, 6으로 만들 수 있는 가장 작은 수 = ☐

이므로 식은 ☐ 이고

답은 ☐ 입니다.

식 ) ________ 답 ) ☐

**04.** 2, 4, 7을 한번만 사용하여 몇십몇을 만들었습니다. 제일 큰 수에서 제일 작은 수를 더하면 얼마가 되는지 구하는 식을 쓰고, 답을 적으세요 ( 식 4점 답 3점 )

풀이)

식 ) ________ 답 ) ☐

## 확인 (틀린 문제의 수를 적고, 약한 부분을 보충하세요.)

| 회차 | 틀린문제수 |
|---|---|
| 36 회 | 문제 |
| 37 회 | 문제 |
| 38 회 | 문제 |
| 39 회 | 문제 |
| 40 회 | 문제 |

## 생각해보기 (배운 내용이 모두 이해되었나요?)

■ 모두 이해하고 자신있다. → 다음 회로 넘어 갑니다.

■ 1~2문제 틀릴 수는 있겠지만 거의 이해한다.
→ 개념부분을 한번 더 읽고 다음 회로 넘어 갑니다.

■ 잘 모르는 것 같다.
→ 개념부분과 틀린문제를 한번 더 보고 다음 회로 넘어 갑니다.

## 오답노트 (앞에서 틀린 문제나 기억하고 싶은 문제를 적습니다.)

| 회 번 | |
|---|---|
| 문제 | 풀이 |

| 회 번 | |
|---|---|
| 문제 | 풀이 |

| 회 번 | |
|---|---|
| 문제 | 풀이 |

| 회 번 | |
|---|---|
| 문제 | 풀이 |

| 회 번 | |
|---|---|
| 문제 | 풀이 |

(41회~50회)

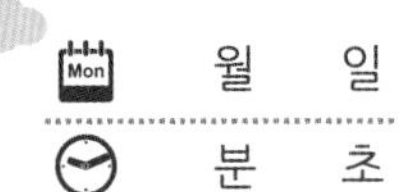

## 52 − 2 의 밑으로 계산

① 52 − 2를 아래와 같이 적습니다.

| | | |
|---|---|---|
| | 5 | 2 |
| − | | 2 |
| | | |

② 1의 자리 끼리 빼서 1의 자리에 적습니다.

| | | |
|---|---|---|
| | 5 | 2 |
| − | | 2 |
| | | 0 |

③ 10의 자리 끼리 빼서 10의 자리에 적습니다.

| | | |
|---|---|---|
| | 5 | 2 |
| − | | 2 |
| | 5 | 0 |

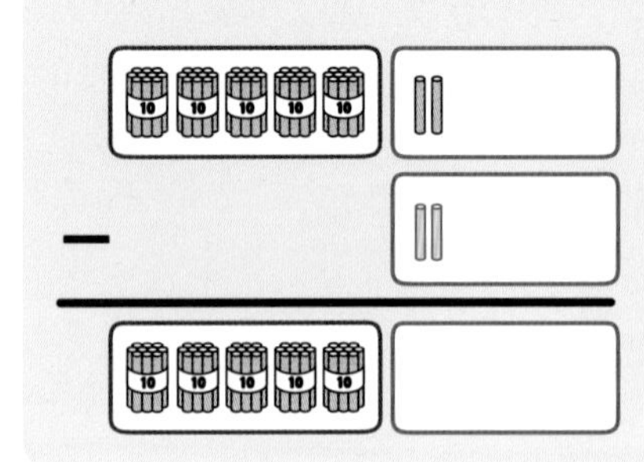

식을 밑으로 적어서 계산하고, 값을 적으세요.

01. 56 − 6 =

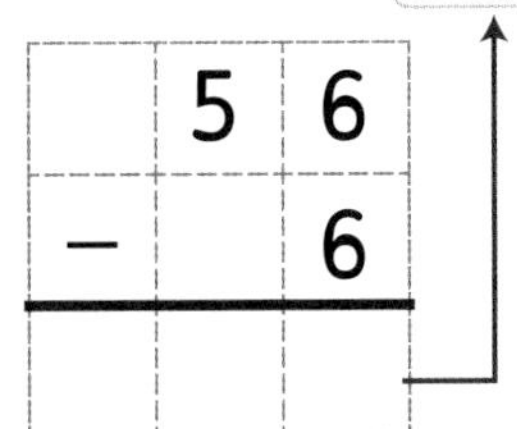


02. 64 − 4 =

| | | |
|---|---|---|
| | 6 | 4 |
| − | | 4 |
| | | |

※ 반드시 앞의 수를 위에 적고 뒤의 수를 밑에 적습니다.

03. 73 − 3 =

| | | |
|---|---|---|
| | 7 | 3 |
| − | | 3 |
| | | |

04. 81 − 1 =

− 기호도 꼭 적으세요

05. 92 − 2 =

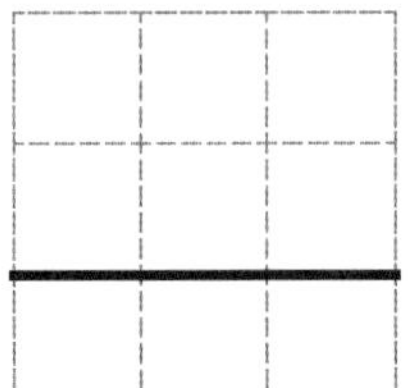

06. 58 − 8 =

07. 67 − 7 =

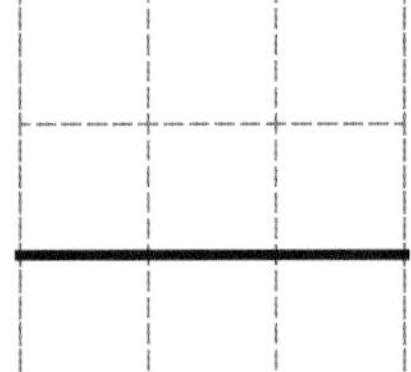

08. 75 − 5 =

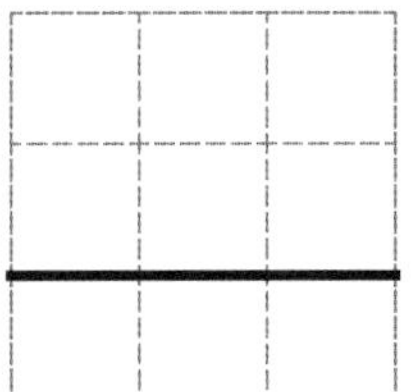

09. 89 − 9 =

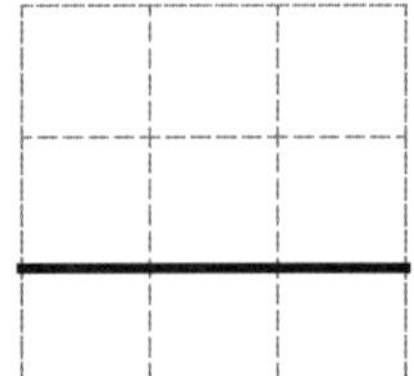

## 54 − 3 의 밑으로 계산

① 54 − 3를 아래와 같이 적습니다.

| | 5 | 4 |
|---|---|---|
| − | | 3 |
| | | |

② 1의 자리 끼리 빼서 1의 자리에 적습니다.

| | 5 | 4 |
|---|---|---|
| − | | 3 |
| | | 1 |

③ 10의 자리 끼리 빼서 10의 자리에 적습니다.

| | 5 | 4 |
|---|---|---|
| − | | 3 |
| | 5 | 1 |

※ 반드시 일의 자리부터 계산합니다.

식을 밑으로 적어서 계산하고, 값을 적으세요.

**01.** 56 − 4 =

| | 5 | 6 |
|---|---|---|
| − | | 4 |
| | | |

**02.** 69 − 6 =

| | 6 | 9 |
|---|---|---|
| − | | 6 |
| | | |

**03.** 73 − 2 =

| | 7 | 3 |
|---|---|---|
| − | | 2 |
| | | |

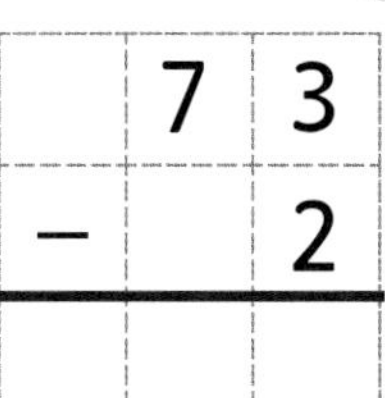

**04.** 86 − 5 =

**05.** 95 − 4 =

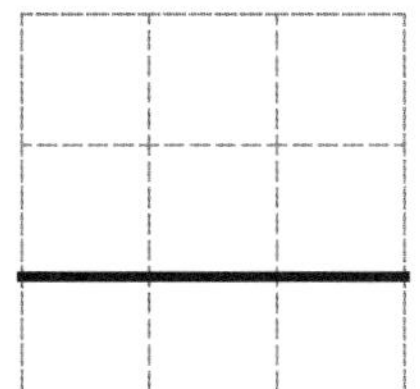

**06.** 59 − 6 =

**07.** 67 − 3 =

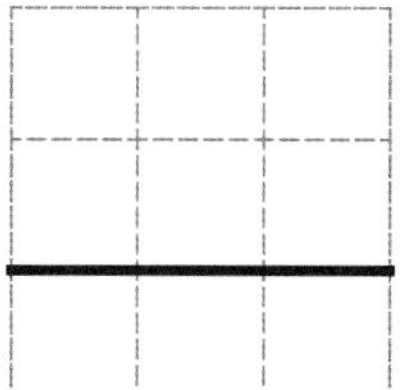

**08.** 74 − 2 =

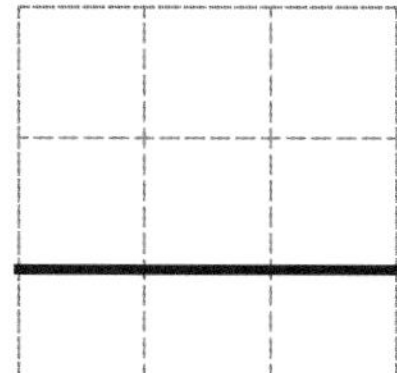

**09.** 88 − 7 =

## 54 – 30 의 밑으로 계산

① 54 – 30를 아래와 같이 적습니다.

| | 5 | 4 |
|---|---|---|
| – | 3 | 0 |
| | | |

② 1의 자리 끼리 빼서 1의 자리에 적습니다.

| | 5 | 4 |
|---|---|---|
| – | 3 | 0 |
| | | 4 |

③ 10의 자리 끼리 빼서 10의 자리에 적습니다.

| | 5 | 4 |
|---|---|---|
| – | 3 | 0 |
| | 2 | 4 |

※ 반드시 일의 자리부터 계산합니다.

식을 밑으로 적어서 계산하고, 값을 적으세요.

01. 54 – 30 =

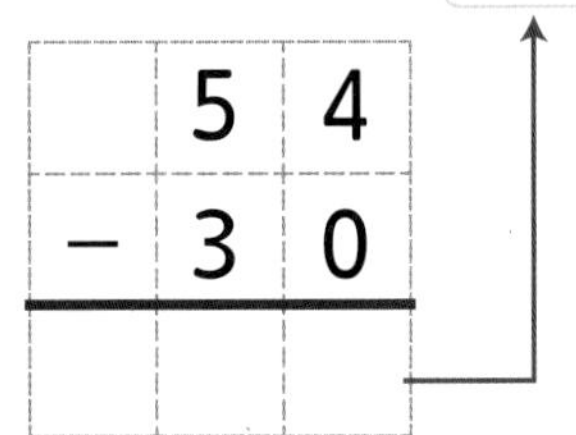


02. 63 – 20 =

| | 6 | 3 |
|---|---|---|
| – | 2 | 0 |
| | | |

03. 71 – 20 =

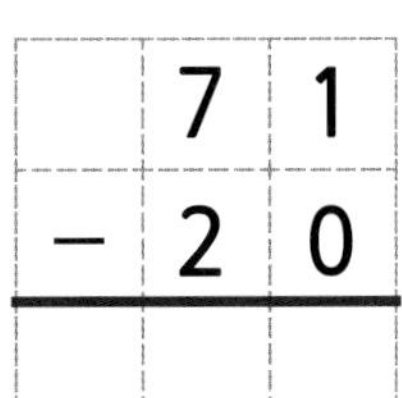


04. 81 – 10 =

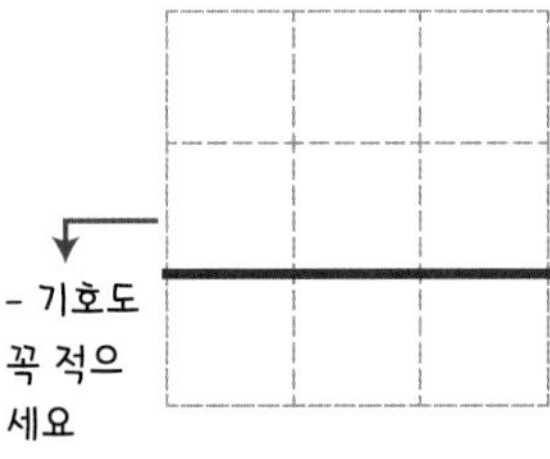


05. 62 – 30 =

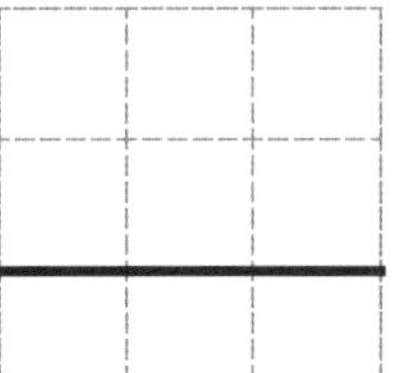

06. 55 – 40 =

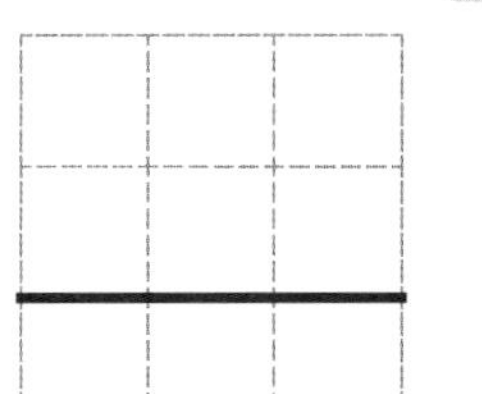

07. 77 – 30 =

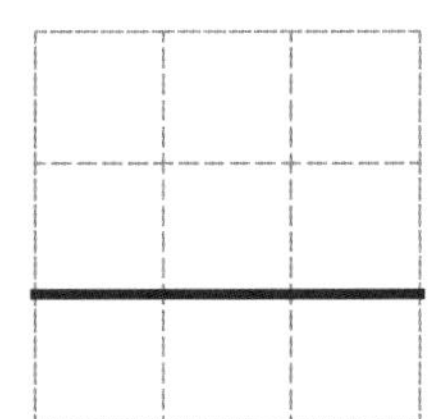

08. 81 – 20 =

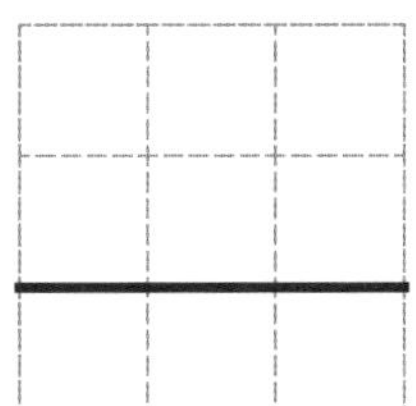

09. 94 – 40 =

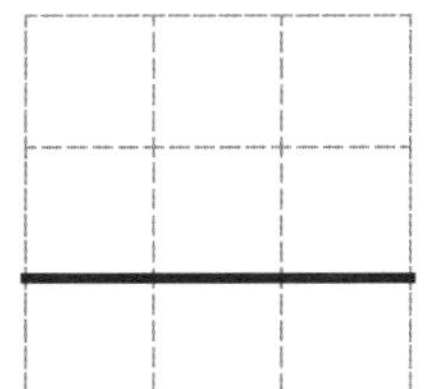

## 54 − 31 의 밑으로 계산

① 54 − 31을 아래와 같이 적습니다.

| | 5 | 4 |
|---|---|---|
| − | 3 | 1 |
| | | |

② 1의 자리 끼리 빼서 1의 자리에 적습니다.

| | 5 | 4 |
|---|---|---|
| − | 3 | 1 |
| | | 3 |

③ 10의 자리 끼리 빼서 10의 자리에 적습니다.

| | 5 | 4 |
|---|---|---|
| − | 3 | 1 |
| | 2 | 3 |

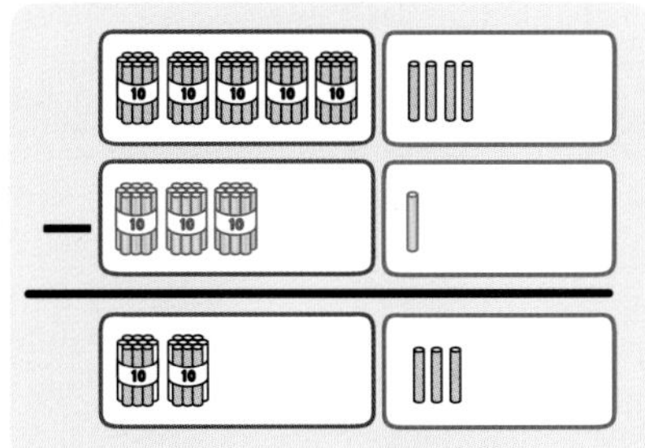

※ 반드시 꼭 일의 자리부터 계산합니다.

식을 밑으로 적어서 계산하고, 값을 적으세요.

01. 65 − 41 = ☐

| | 6 | 5 |
|---|---|---|
| − | 4 | 1 |
| | | |

02. 73 − 32 = ☐

| | 7 | 3 |
|---|---|---|
| − | 3 | 2 |
| | | |

03. 59 − 17 = ☐

| | 5 | 9 |
|---|---|---|
| − | 1 | 7 |
| | | |

04. 64 − 12 = ☐

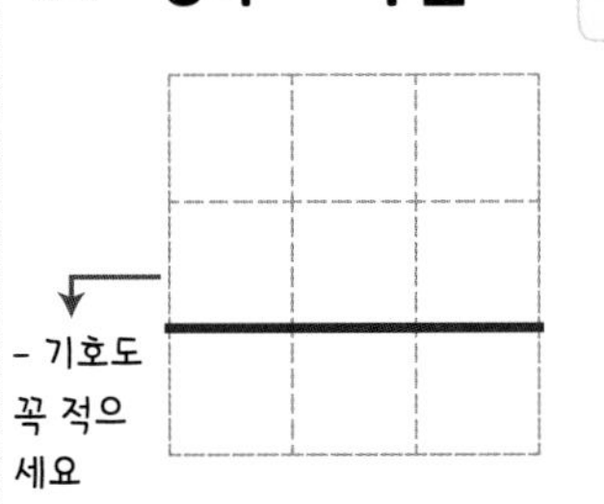

- 기호도 꼭 적으세요

05. 76 − 45 = ☐

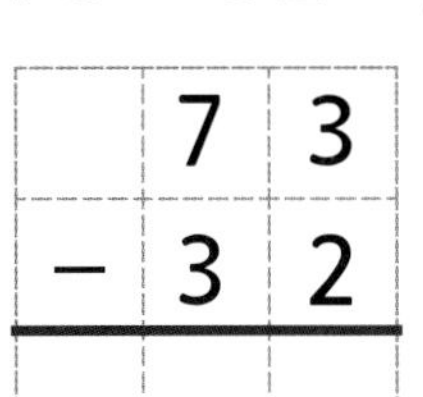

06. 99 − 37 = ☐

07. 85 − 23 = ☐

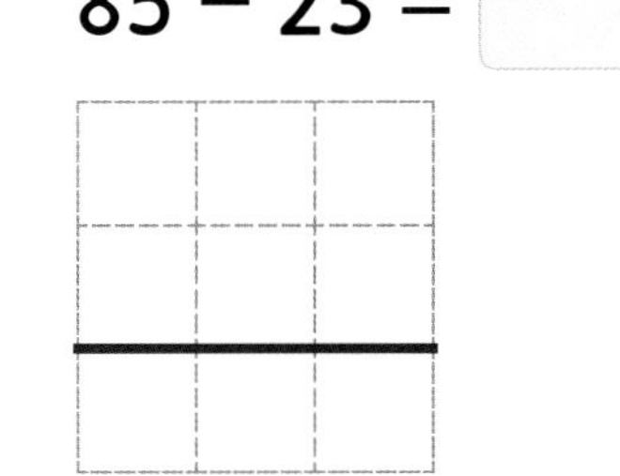

08. 77 − 41 = ☐

09. 96 − 22 = ☐

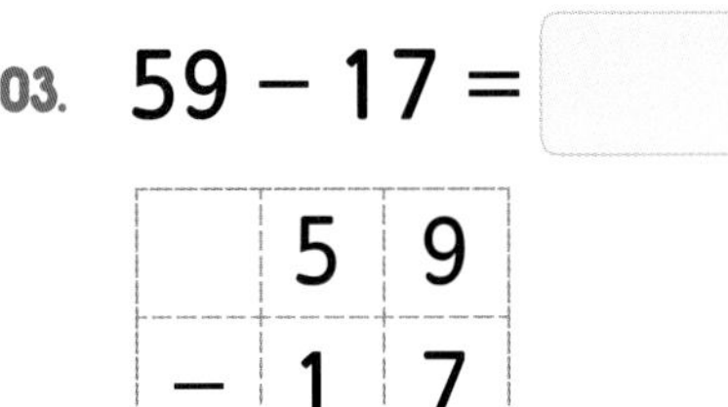

식을 밑으로 적어서 계산하고, 값을 적으세요.

01. 59 − 50 = ☐

|  | 5 | 9 |
|---|---|---|
| − | 5 | 0 |
|  |  |  |

02. 67 − 60 = ☐

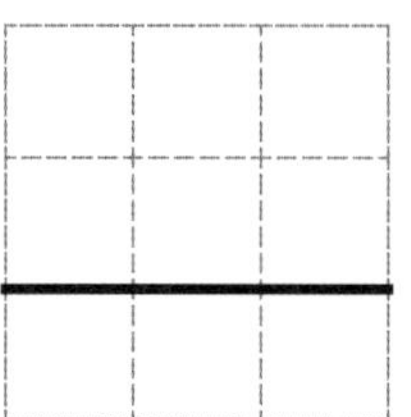

03. 78 − 08 = ☐

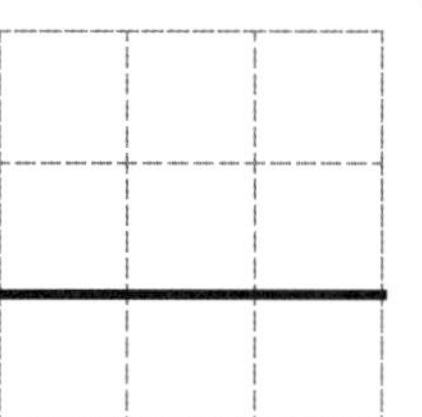

04. 92 − 02 = ☐

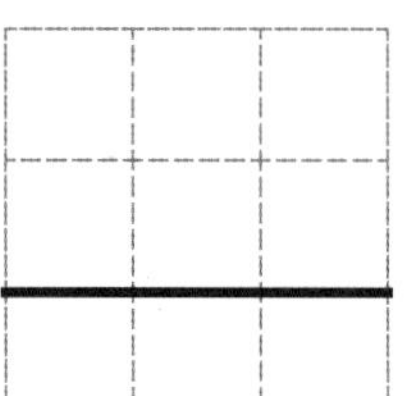

05. 56 − 03 = ☐

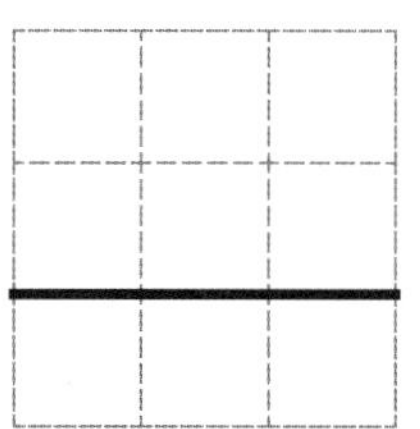

06. 71 − 21 = ☐

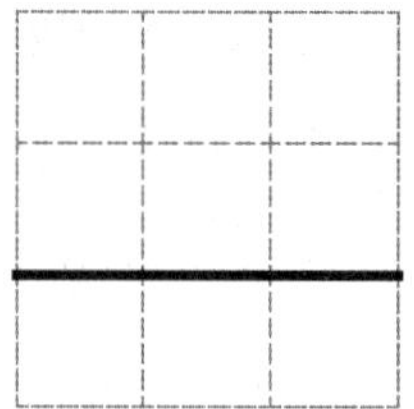

07. 86 − 44 = ☐

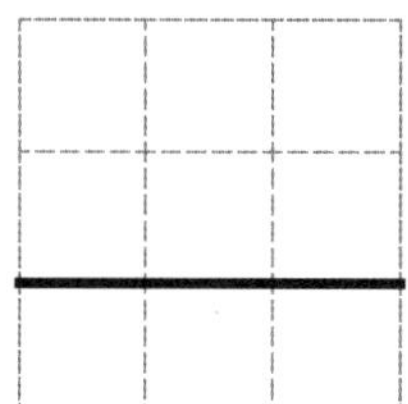

08. 59 − 47 = ☐

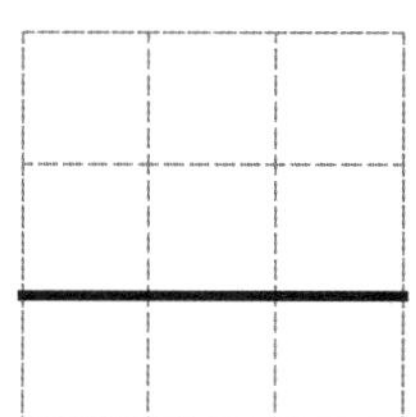

09. 95 − 62 = ☐

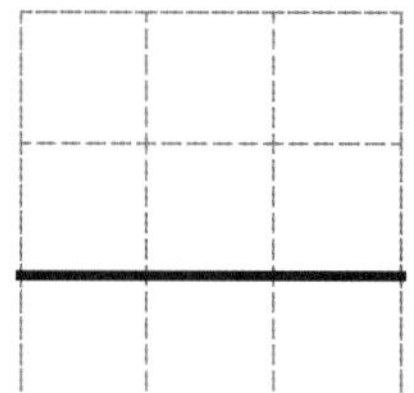

10. 67 − 31 = ☐

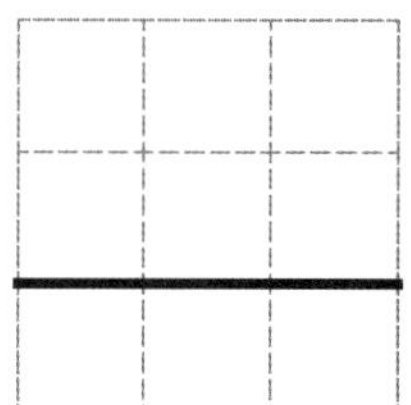

11. 85 − 41 = ☐

12. 98 − 73 = ☐

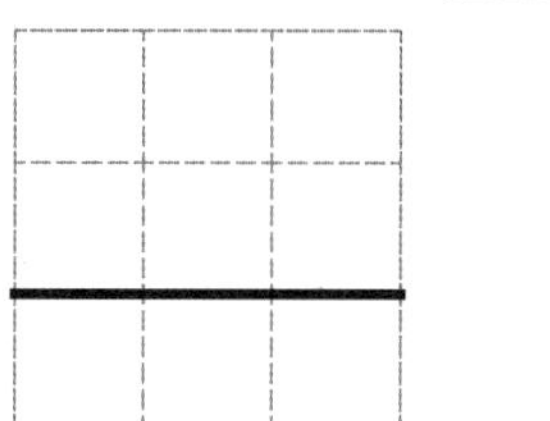

13. 66 − 25 = ☐

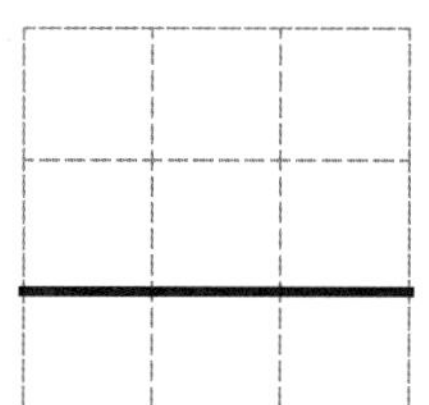

14. 87 − 14 = ☐

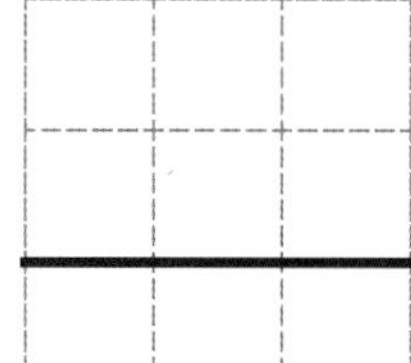

15. 79 − 22 = ☐

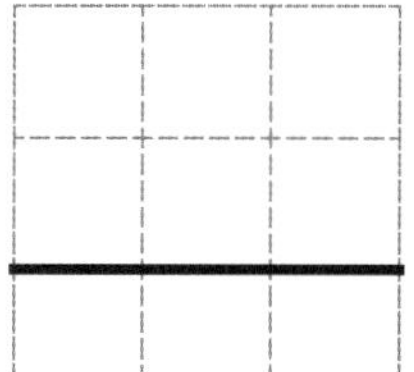

## 확인 (틀린 문제의 수를 적고, 약한 부분을 보충하세요.)

| 회차 | 틀린문제수 |
|---|---|
| 41 회 | 문제 |
| 42 회 | 문제 |
| 43 회 | 문제 |
| 44 회 | 문제 |
| 45 회 | 문제 |

## 생각해보기 (배운 내용이 모두 이해되었나요?)

■ 모두 이해하고 자신있다. → 다음 회로 넘어 갑니다.

■ 1~2문제 틀릴 수는 있겠지만 거의 이해한다.
→ 개념부분을 한번 더 읽고 다음 회로 넘어 갑니다.

■ 잘 모르는 것 같다.
→ 개념부분과 틀린문제를 한번 더 보고 다음 회로 넘어 갑니다.

## 오답노트 (앞에서 틀린 문제나 기억하고 싶은 문제를 적습니다.)

| 회 번 | |
|---|---|
| 문제 | 풀이 |

| 회 번 | |
|---|---|
| 문제 | 풀이 |

| 회 번 | |
|---|---|
| 문제 | 풀이 |

| 회 번 | |
|---|---|
| 문제 | 풀이 |

| 회 번 | |
|---|---|
| 문제 | 풀이 |

월 일
분 초

계산해 보세요.

01. 38 − 2 =

02. 69 − 9 =

03. 52 − 30 =

04. 43 − 40 =

05. 74 − 24 =

06. 54 − 41 =

07. 87 − 23 =

08. 69 − 52 =

09. 78 − 16 =

10. 47 − 34 =

11. 79 − 51 =

12. 96 − 63 =

13. 89 − 25 =

14. 64 − 43 =

15. 48 − 32 =

16. 85 − 43 =

17. 67 − 52 =

18. 73 − 23 =

19. 58 − 35 =

20. 86 − 61 =

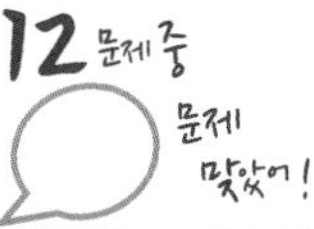


# 47 밑으로 뺄셈 (연습2)

□ 안에 들어갈 알맞은 수를 적으세요.

01.

| | 8 | □ |
|---|---|---|
| − | □ | 5 |
| | 3 | 2 |

어떤 수에 5를 빼서 2가 되는 값을 구하세요.
□ − 5 = 2
(2에 5를 더하면 값을 알수 있습니다)

8에서 어떤 수를 빼서 3이 되는 값을 구하세요. 8 − □ = 3
(8에서 3를 빼면 값을 알수 있습니다)

02.

| | 5 | □ |
|---|---|---|
| − | □ | 0 |
| | 1 | 5 |

03.

| | 9 | 6 |
|---|---|---|
| − | □ | 3 |
| | 2 | □ |

04.

| | 6 | □ |
|---|---|---|
| − | 1 | 2 |
| | □ | 6 |

05.

| | 7 | □ |
|---|---|---|
| − | □ | 4 |
| | 5 | 1 |

06.

| | 6 | 3 |
|---|---|---|
| − | 1 | □ |
| | □ | 2 |

07.

| | 8 | 5 |
|---|---|---|
| − | □ | 4 |
| | 5 | □ |

08.

| | 5 | □ |
|---|---|---|
| − | 4 | 0 |
| | □ | 7 |

09.

| | 6 | □ |
|---|---|---|
| − | □ | 3 |
| | 6 | 4 |

10.

| | 4 | 5 |
|---|---|---|
| − | 1 | □ |
| | □ | 3 |

11.

| | 5 | 6 |
|---|---|---|
| − | □ | 2 |
| | 2 | □ |

12.

| | 9 | □ |
|---|---|---|
| − | 5 | 3 |
| | □ | 5 |

# 48 밑으로 뺄셈 (연습2)

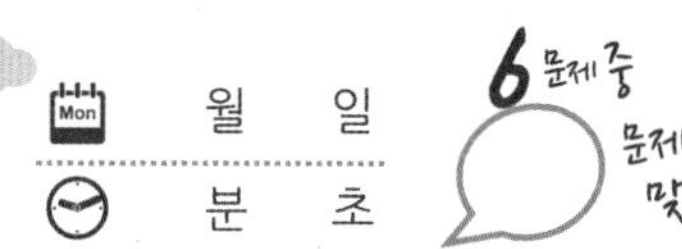


월 일

분 초

보기와 같이 옆의 두수를 빼서 옆에 적고, 밑의 두수를 빼서 밑에 적으세요.

01.

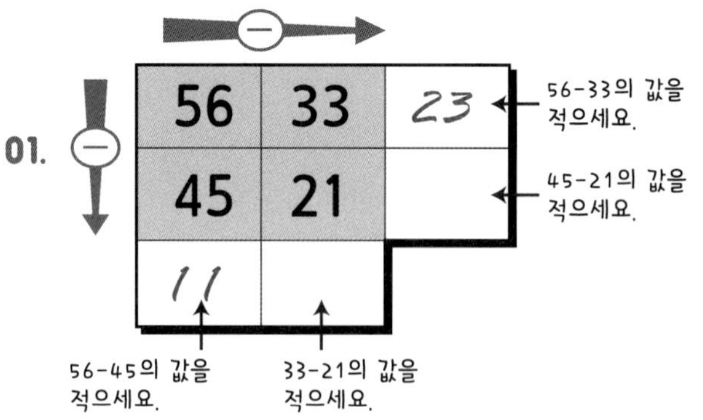


02.

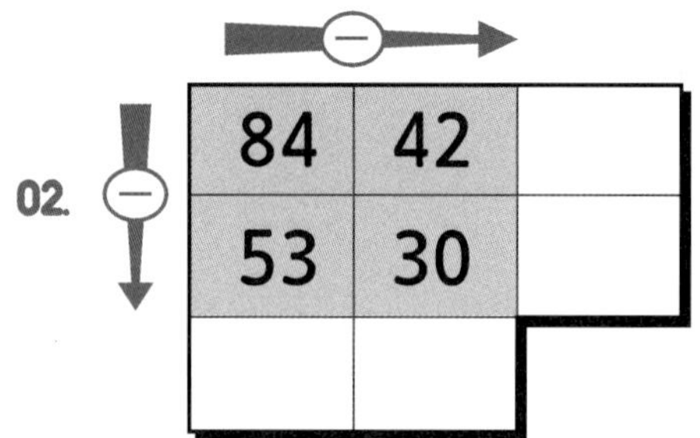


03.

| 46 | 23 | |
|---|---|---|
| 15 | 12 | |
| | | |

04.

| 99 | 26 | |
|---|---|---|
| 34 | 21 | |
| | | |

05.

| 67 | 35 | |
|---|---|---|
| 23 | 2 | |
| | | |

06.

| 98 | 24 | |
|---|---|---|
| 96 | 13 | |
| | | |

# 49 밑으로 뺄셈 (연습)

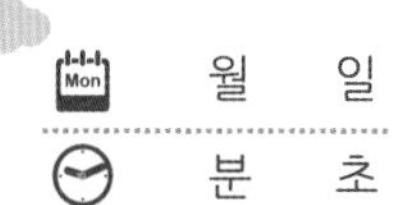

월 일
분 초

24문제 중 문제 맞았어!

아래 문제를 풀어 보세요.

01. 40 − 10 =

02. 80 − 30 =

03. 54 − 04 =

04. 69 − 09 =

05. 97 − 30 =

06. 86 − 60 =

07. 65 − 45 =

08. 71 − 31 =

09. 67 − 63 =

10. 49 − 41 =

11. 95 − 42 =

12. 76 − 25 =

13. 54 − 12 =

14. 66 − 34 =

15. 95 − 43 =

16. 87 − 56 =

17. 78 − 16 =

18. 65 − 31 =

19. 99 − 28 =

20. 87 − 55 =

21. 56 − 43 =

22. 98 − 94 =

23. 33 − 2 =

24. 68 − 5 =

이어서 나는 ______ 을(를) 공부/연습할거야!!

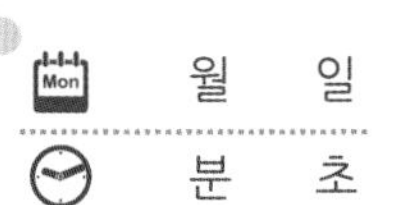

문제) **99**페이지 짜리 동화책이 있습니다. 오늘까지 **53**페이지를 읽었다면, 몇 페이지를 더 읽어야 할까요?

풀이) 전페 페이지 = 99 오늘까지 읽은 페이지 = 53
남은 페이지 = 전체 페이지 – 읽은 페이지 이므로
식은 99–53 이고
값은 46페이지 입니다.

식) 99–53 답) 46페이지

동화책

| 읽은 페이지 | 남은 페이지 |
|---|---|
| 53p | ?p |

전체 **99** 페이지

아래의 문제를 풀어보세요.

**01.** 수학시험 **95**점을 받기위해 노력해서, **98**점을 받았습니다. 몇 점 더 받은 걸까요?

풀이) 목표 점수 = ☐ 점, 받은 점수 = ☐ 점
더 받은 점수 = 받은 점수 ☐ 목표 점수 이므로
식은 ☐ 이고
답은 ☐ 점 입니다.

식 ) ________ 답 ) ☐ 점

**02.** **45**분까지 학교에 가기로 했습니다. 집에서 학교까지 **13**분이 걸린다면 몇 분까지 집에서 나가야 늦지 않게 도착할까요?

풀이) 도착시간 = ☐ 분, 걸리는 시간 = ☐ 분
출발시간 = 도착시간 ☐ 걸리는 시간 이므로
식은 ☐ 이고
답은 ☐ 분 입니다.

식 ) ________ 답 ) ☐ 분

**03.** **2**, **3**, **5**를 한번만 사용하여 몇십몇을 만들려고 합니다. 제일 큰 수인 **53**과 제일 작은 수인 **23**을 빼면 얼마일까요?

풀이) 5, 2, 3으로 만들 수 있는 가장 큰 수 = ☐
5, 2, 3으로 만들 수 있는 가장 작은 수 = ☐
이므로 식은 ☐ 이고
답은 ☐ 입니다.

식 ) ________ 답 ) ☐

**04.** **1**, **5**, **9**를 한번만 사용하여 몇십몇을 만들었습니다. 제일 큰 수에서 제일 작은 수를 빼면 얼마가 되는지 구하는 식을 쓰고, 답을 적으세요 ( 식 4점 답 3점 )

풀이)

식) ________ 답) ☐

## 확인 (틀린 문제의 수를 적고, 약한 부분을 보충하세요.)

| 회차 | 틀린문제수 |
|---|---|
| 46 회 | 문제 |
| 47 회 | 문제 |
| 48 회 | 문제 |
| 49 회 | 문제 |
| 50 회 | 문제 |

## 생각해보기 (배운 내용이 모두 이해되었나요?)

■ 모두 이해하고 자신있다. → 다음 회로 넘어 갑니다.

■ 1~2문제 틀릴 수는 있겠지만 거의 이해한다.
→ 개념부분을 한번 더 읽고 다음 회로 넘어 갑니다.

■ 잘 모르는 것 같다.
→ 개념부분과 틀린문제를 한번 더 보고 다음 회로 넘어 갑니다.

## 오답노트 (앞에서 틀린 문제나 기억하고 싶은 문제를 적습니다.)

| 회 번 | |
|---|---|
| 문제 | 풀이 |

| 회 번 | |
|---|---|
| 문제 | 풀이 |

| 회 번 | |
|---|---|
| 문제 | 풀이 |

| 회 번 | |
|---|---|
| 문제 | 풀이 |

| 회 번 | |
|---|---|
| 문제 | 풀이 |

# 51 여러 가지 모양

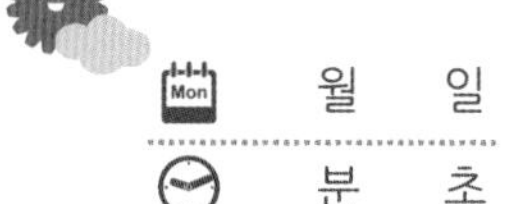

## 네모 모양

네모 모양은
공책과 같은 모양입니다.

## 세모 모양

세모 모양은
삼각자와 같은 모양입니다.

## 동그라미 모양

동그라미 모양은
동전과 같은 모양입니다.

아래의 모양을 보고, 동그라미에는 0, 세모는 3, 네모는 4라고 적어보세요.

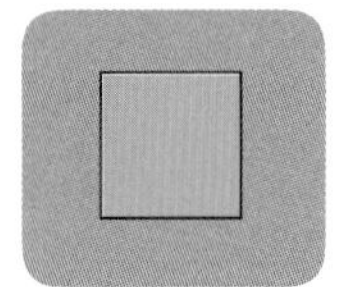
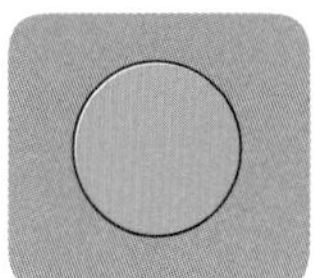

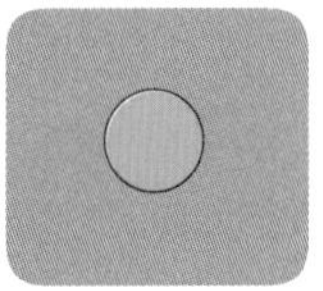
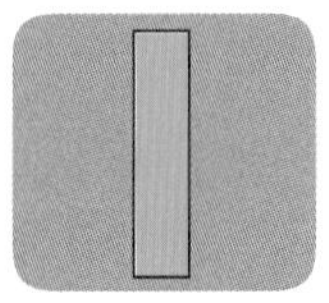

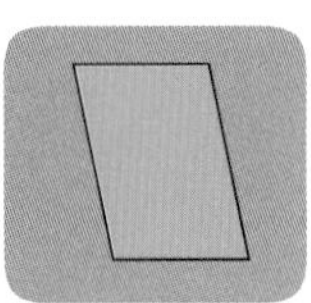
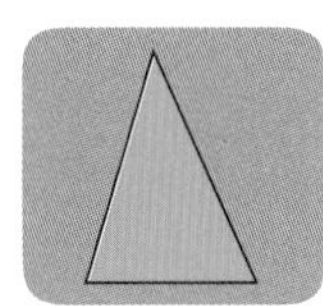
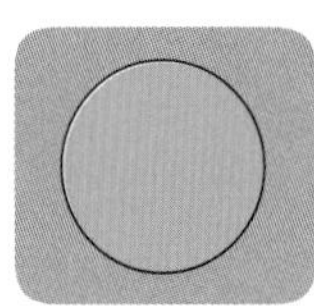

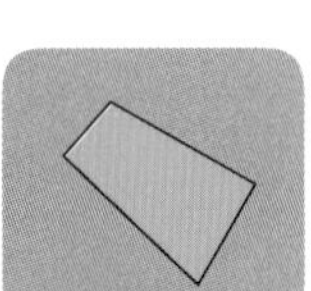

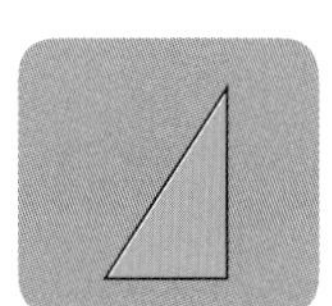

아래 물건들을 대고 밑부분을 따라 그리면 나오는 모양을 줄 그어보세요.

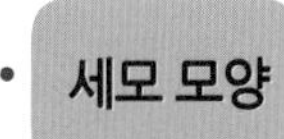


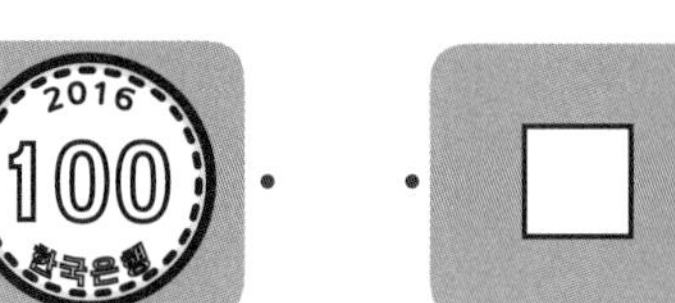

# 52 여러 가지 모양으로 그리기

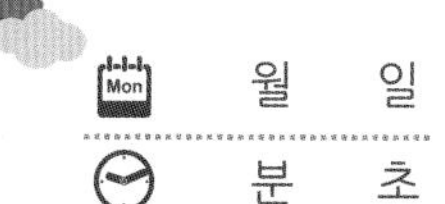


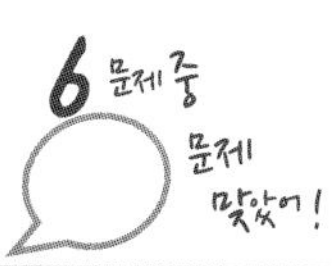

**여러 가지 모양으로 그림을 그릴 수 있습니다.**

동그라미 모양 3개
세모 모양 1개
네모 모양 3개로
집을 그렸습니다.

동그라미 모양 3개
세모 모양 8개
네모 모양 1개로
꽃을 그렸습니다.

**아래 그림을 보고 물음에 답하세요**

**01.**

옆의 그림은
동그라미 모양 ☐ 개
세모 모양 ☐ 개
네모 모양 ☐ 개로
기차를 그린 그림입니다.

**02.**

옆의 그림은
동그라미 모양 ☐ 개
세모 모양 ☐ 개
네모 모양 ☐ 개로
미사일을 그린 그림입니다.

**03.**

옆의 그림은
동그라미 모양 ☐ 개
세모 모양 ☐ 개
네모 모양 ☐ 개로
시계를 그린 그림입니다.

**동그라미, 세모, 네모를 이용하여 그림을 그려보세요.**

**04.** 비행기

**05.** 사람얼굴

**06.** 배

이어서 나는 ☐ 을(를) 공부/연습할거야!!

# 53 몇 시일까요?

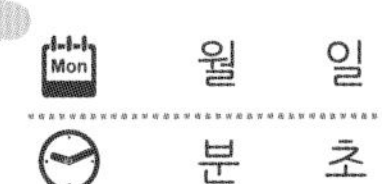

**시계**에서 **짧은바늘**은 **시간**을 나타냅니다.

긴바늘이 12를 가리킬때
짧은바늘이 몇시인지 알려줍니다.
긴바늘 = 12, 짧은바늘 = 1 이면
1시입니다.

**짧은바늘**이 **1**과 **2**사이 일때는 **1**시 몇 분입니다.

짧은바늘이 1과 2 사이에 있으면
1시 몇분입니다.
시간을 나타내는 짧은바늘이
1시에서 2시로 가는 중이기 때문입니다.

시계를 보고 몇 시인지 ☐에 적으세요.

01.  ☐ 시
짧은바늘 : 4

02.  ☐ 시
짧은바늘 : 6

03.  ☐ 시
짧은바늘 : 8

04.  ☐ 시
짧은바늘 : 10

05.  ☐ 시
짧은바늘 : 12

06. ☐ 시
짧은바늘 : 11

07.  ☐ 시 몇분
짧은바늘 : 2와 3 사이

08.  ☐ 시 몇분
짧은바늘 : 3과 4 사이

09.  ☐ 시 몇분
짧은바늘 : 4를 조금 넘음

10.  ☐ 시 몇분
짧은바늘 : 6을 조금 넘음

11.  ☐ 시 몇분
짧은바늘 : 아직 9에 안왔음

12.  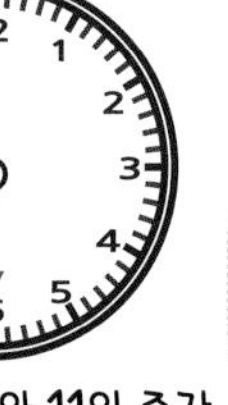 ☐ 시 몇분
짧은바늘 : 10와 11의 중간

# 54 몇시 30분

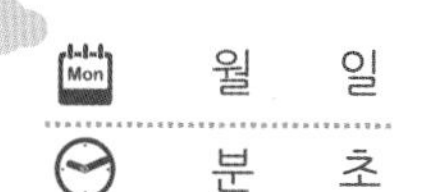

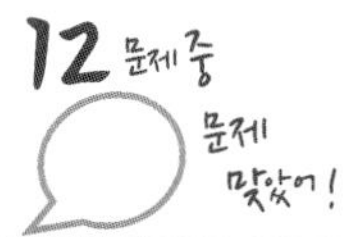

**긴바늘이 6을 가리키면 30분 입니다.**

긴바늘이 6를 가리킬때는 30분입니다.
짧은바늘의 수가 몇시를 나타냅니다.
짧은 바늘 = 2와 3 사이 이고,
긴바늘 = 6이면 2시 30분입니다.

**디지털시계(전자시계)는 시간을 수로 보여줍니다.**

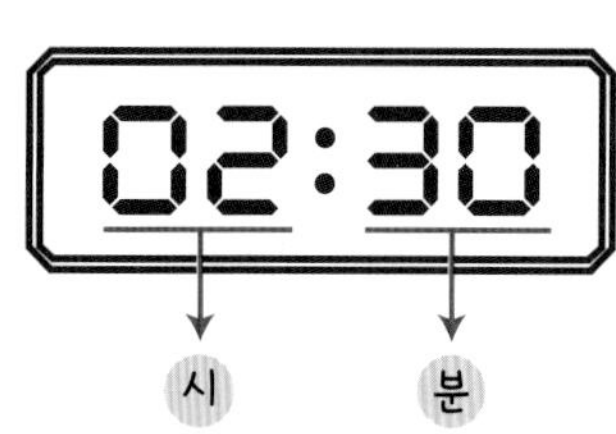


: 앞부분은 시간을 나타내고,
: 의 뒷부분은 분을 나타냅니다.
그래서 2시 30분입니다.

시계를 보고 몇시 몇분인지 ☐에 적으세요.

**01.**  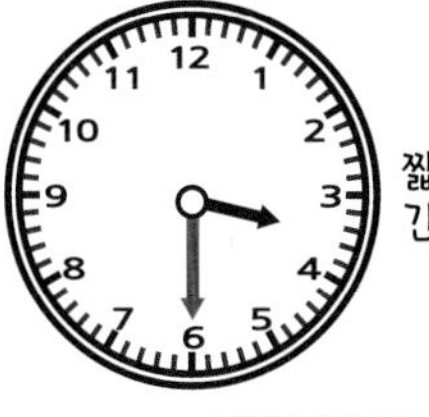

짧은바늘 : 3과 4 사이
긴바늘 : 6

☐시 ☐분

**05.** 

짧은바늘 : 1과 2 사이
긴바늘 : 6

☐시 ☐분

**09.** 

☐시

**02.**  

짧은바늘 : 5와 6 사이
긴바늘 : 6

☐시 ☐분

**06.**  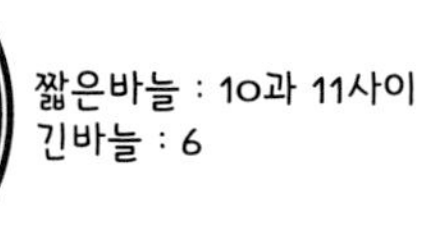 

짧은바늘 : 10과 11사이
긴바늘 : 6

☐시 ☐분

**10.**  

☐시
☐분

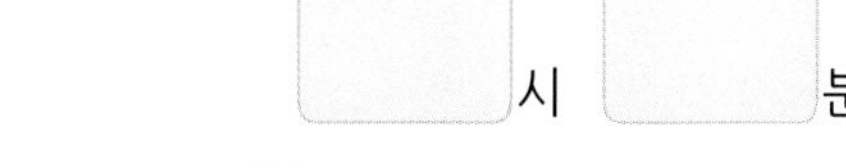

**03.**  

짧은바늘 : 7과 8 사이
긴바늘 : 6

☐시 ☐분

**07.**  

☐시

**11.** 

☐시
☐분

**04.**  

짧은바늘 : 9와 10 사이
긴바늘 : 6

☐시 ☐분

**08.** 

☐시

**12.** 

☐시
☐분

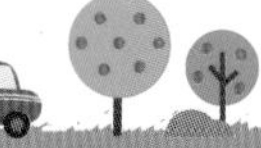

# 55 1시간은 60분

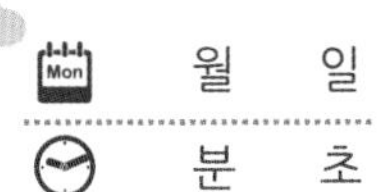

**긴바늘이 한바퀴 돌면 1시간이 갑니다.**

12에서 시작하여 한바퀴를 돌고
다시 12로 오면 1시간이 지난 것입니다.
이때 시간을 가리키는 짧은바늘은
숫자 1칸을 갑니다. (2 → 3)

**2시 반은 2시 30분입니다.**

긴바늘이 한바퀴를 돌면 1시간입니다.
긴바늘이 6까지 가면 반을 간 것입니다.
60의 반은 30이므로
30분이 됩니다.

디지털 시계를 보고 옆의 시계에 긴바늘과 짧은바늘을 그려 보세요.

보기

짧은바늘 : 3과 4 사이
긴바늘 : 6

04.

08.

01.

05.

09.

02.

06.

10.

03.

07.

11.

## 확인 (틀린 문제의 수를 적고, 약한 부분을 보충하세요.)

| 회차 | 틀린문제수 |
|---|---|
| 51 회 | 문제 |
| 52 회 | 문제 |
| 53 회 | 문제 |
| 54 회 | 문제 |
| 55 회 | 문제 |

## 오답노트 (앞에서 틀린 문제나 기억하고 싶은 문제를 적습니다.)

| 회 번 | |
|---|---|
| 문제 | 풀이 |

| 회 번 | |
|---|---|
| 문제 | 풀이 |

| 회 번 | |
|---|---|
| 문제 | 풀이 |

| 회 번 | |
|---|---|
| 문제 | 풀이 |

| 회 번 | |
|---|---|
| 문제 | 풀이 |

## 생각해보기 (배운 내용이 모두 이해되었나요?)

■ **모두 이해하고 자신있다.** → 다음 회로 넘어 갑니다.

■ **1~2문제 틀릴 수는 있겠지만 거의 이해한다.**
→ 개념부분을 한번 더 읽고 다음 회로 넘어 갑니다.

■ **잘 모르는 것 같다.**
→ 개념부분과 [illegible] 를 한번 더 보고 다음 회로 넘어 갑니다.

# 56 식 바꾸기

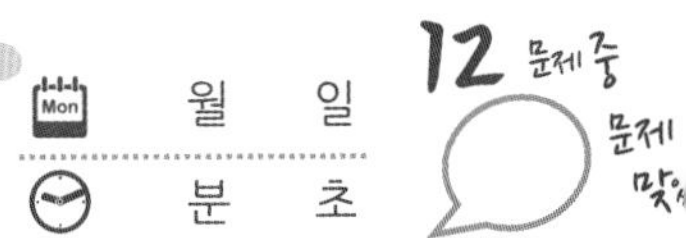

**덧셈식**은 **뺄셈식**으로 바꿀 수 있습니다.

**21 + 3 = 24**

**24 − 3 = 21** **24 − 21 = 3**

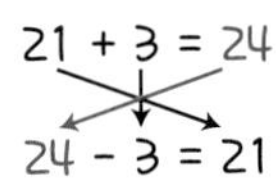


21 + 3 = 24 → 24 − 21 = 3

※ 제일 큰 수에서 **작은 수**를 빼면 **다른 작은 수**가 됩니다.

**뺄셈식**도 **덧셈식**으로 바꿀 수 있습니다.

**15 − 3 = 12**

**12 + 3 = 15** **3 + 12 = 15**

15 − 3 = 12 → 12 + 3 = 15

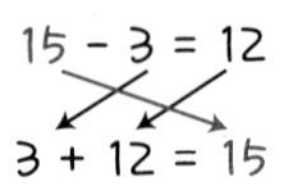


※ **작은 두 수**를 합하면 제일 큰 수가 됩니다.

아래의 식은 덧셈식은 뺄셈식으로, 뺄셈식은 덧셈식으로 바꾼 것입니다. 빈칸에 알맞은 수를 넣으세요.

01. 10 + 4 = 14
14 − 4 = ☐
14 − 10 = ☐

02. 15 + 2 = 17
☐ − 2 = ☐
☐ − 15 = ☐

03. 20 + 2 = 22
☐ − 2 = ☐
☐ − 20 = ☐

04. 23 + 6 = 29
☐ − 6 = ☐
29 − ☐ = ☐

05. 42 + 15 = 57
57 − 15 = ☐
57 − ☐ = ☐

06. 16 + 21 = 37
☐ − 21 = ☐
☐ − ☐ = 21

07. 18 − 8 = 10
10 + 8 = ☐
8 + 10 = ☐

08. 27 − 4 = 23
☐ + 4 = ☐
☐ + 23 = ☐

09. 35 − 3 = 32
☐ + 3 = ☐
☐ + 32 = ☐

10. 46 − 2 = 44
☐ + 2 = ☐
2 + ☐ = ☐

11. 59 − 16 = 43
☐ + 16 = ☐
☐ + 43 = ☐

12. 77 − 25 = 52
☐ + 25 = ☐
25 + ☐ = ☐

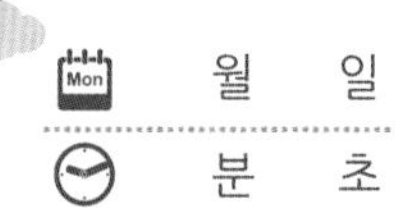

# 57 식 바꾸기 (연습1)

월 일
분 초

13 문제 중 문제 맞았어!

아래의 보기와 같이 덧셈식은 뺄셈식으로, 뺄셈식은 덧셈식으로 바꿔보세요.

보기 $15 + 4 = 19$

식1) 19 - 4 = 15

식2) 19 - 15 = 4

01. $20 + 6 = 26$

식1) ______

식2) ______

02. $13 + 2 = 15$

식1) ______

식2) ______

03. $26 + 3 = 29$

식1) ______

식2) ______

04. $12 + 15 = 27$

식1) ______

식2) ______

05. $41 + 27 = 68$

식1) ______

식2) ______

06. $56 + 21 = 77$

식1) ______

식2) ______

보기 $25 - 5 = 20$

식1) 20 + 5 = 25

식2) 5 + 20 = 25

07. $16 - 4 = 12$

식1) ______

식2) ______

08. $43 - 12 = 31$

식1) ______

식2) ______

09. $24 - 3 = 21$

식1) ______

식2) ______

10. $34 - 14 = 20$

식1) ______

식2) ______

11. $46 - 24 = 22$

식1) ______

식2) ______

12. $35 - 23 = 12$

식1) ______

식2) ______

13. $99 - 39 = 60$

식1) ______

식2) ______

# 58 식 바꾸기 (연습2)

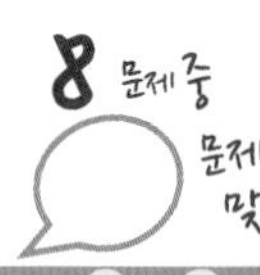

아래의 보기와 같이 네모 안 3개의 수로 덧셈식 2개와 뺄셈식 2개를 만들어 보세요.

**보기** 20 5 25

덧셈식1) 20 + 5 = 25
덧셈식2) 5 + 20 = 25
뺄셈식1) 25 − 20 = 5
뺄셈식2) 25 − 5 = 20

**01.** 10 30 20

덧셈식1) 20 + =
덧셈식2) + 20 =
뺄셈식1) − 20 =
뺄셈식2) − = 20

**02.** 33 10 23

덧셈식1) 10 + =
덧셈식2) + 10 =
뺄셈식1) − 10 =
뺄셈식2) − = 10

**03.** 13 30 43

덧셈식1) 13 + =
덧셈식2) + 13 =
뺄셈식1) − 13 =
뺄셈식2) − = 13

**04.** 12 45 33

덧셈식1) + = 45
덧셈식2) + = 45
뺄셈식1) 45 − =
뺄셈식2) 45 − =

**05.** 47 17 30

덧셈식1) + =
덧셈식2) + =
뺄셈식1) − =
뺄셈식2) − =

**06.** 21 35 56

덧셈식1) + =
덧셈식2) + =
뺄셈식1) − =
뺄셈식2) − =

**07.** 37 79 42

덧셈식1) + =
덧셈식2) + =
뺄셈식1) − =
뺄셈식2) − =

**08.** 86 42 44

덧셈식1) + =
덧셈식2) + =
뺄셈식1) − =
뺄셈식2) − =

# 59 몇십몇의 계산 (연습1)

같은 색 네모안의 두 수를 더하면 ◯ 안의 수가 됩니다. ◯와 ▭ 안에 들어갈 수를 적으세요.

01.

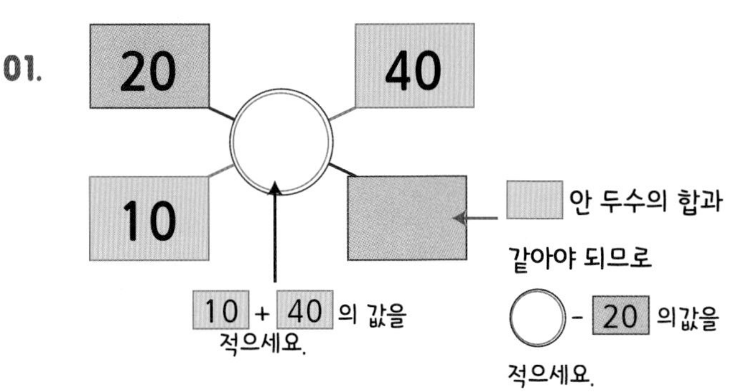


04.

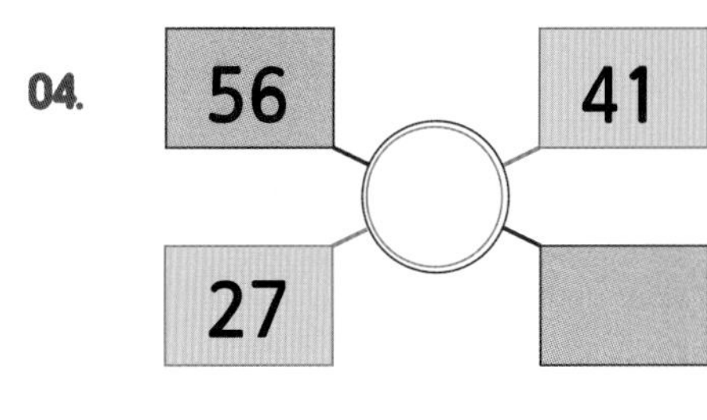


02.

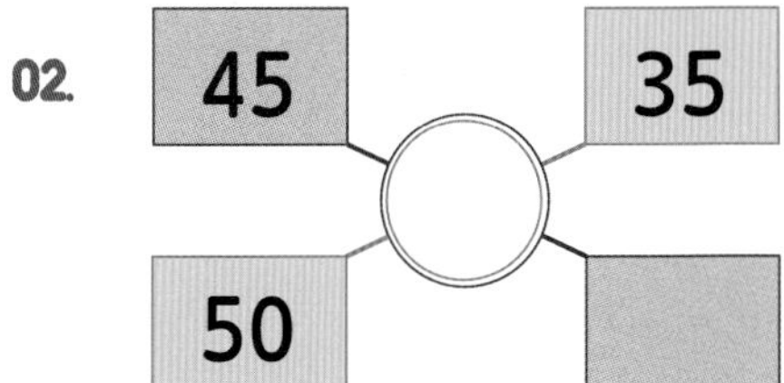


05.

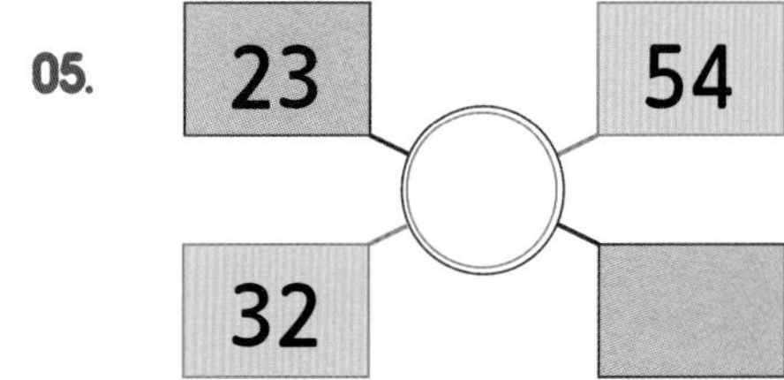


03.

32 26

43

06.

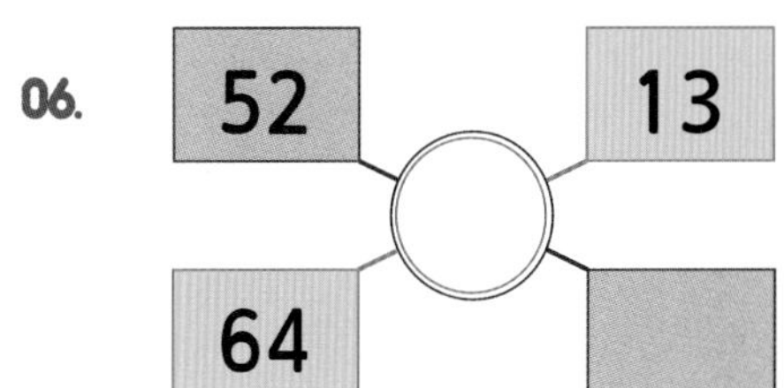

월 일
분 초

□ 안에 들어갈 알맞은 수를 적으세요.

01.

| | 8 | □ |
|---|---|---|
| + | □ | 2 |
| | 9 | 9 |

02.

| | 5 | □ |
|---|---|---|
| + | □ | 4 |
| | 7 | 5 |

03.

| | 2 | 3 |
|---|---|---|
| + | □ | 1 |
| | 2 | □ |

04.

| | 6 | □ |
|---|---|---|
| + | 1 | 5 |
| | □ | 6 |

05.

| | 3 | □ |
|---|---|---|
| + | □ | 4 |
| | 7 | 7 |

06.

| | 6 | 2 |
|---|---|---|
| + | 1 | □ |
| | □ | 8 |

07.

| | 7 | 3 |
|---|---|---|
| − | □ | 2 |
| | 2 | □ |

08.

| | 8 | □ |
|---|---|---|
| − | 5 | 0 |
| | □ | 5 |

09.

| | 9 | □ |
|---|---|---|
| − | □ | 5 |
| | 9 | 4 |

10.

| | 5 | 5 |
|---|---|---|
| − | 2 | □ |
| | □ | 1 |

11.

| | 7 | 6 |
|---|---|---|
| − | □ | 3 |
| | 6 | □ |

12.

| | 6 | □ |
|---|---|---|
| − | 3 | 2 |
| | □ | 6 |

## 확인 (틀린 문제의 수를 적고, 약한 부분을 보충하세요.)

| 회차 | 틀린문제수 |
|---|---|
| 56 회 | 문제 |
| 57 회 | 문제 |
| 58 회 | 문제 |
| 59 회 | 문제 |
| 60 회 | 문제 |

## 생각해보기 (배운 내용이 모두 이해되었나요?)

■ 모두 이해하고 자신있다. → 다음 회로 넘어 갑니다.

■ 1~2문제 틀릴 수는 있겠지만 거의 이해한다.
→ 개념부분을 한번 더 읽고 다음 회로 넘어 갑니다.

■ 잘 모르는 것 같다.
→ 개념부분과 틀린문제를 한번 더 보고 다음 회로 넘어 갑니다.

## 오답노트 (앞에서 틀린 문제나 기억하고 싶은 문제를 적습니다.)

| 회 번 | |
|---|---|
| 문제 | 풀이 |

| 회 번 | |
|---|---|
| 문제 | 풀이 |

| 회 번 | |
|---|---|
| 문제 | 풀이 |

| 회 번 | |
|---|---|
| 문제 | 풀이 |

| 회 번 | |
|---|---|
| 문제 | 풀이 |

# 61 수 3개의 계산 (++)

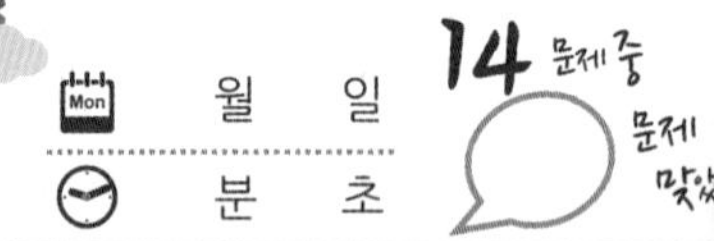

## 4 + 1 + 3 의 계산

사과 4개에서 사과 1개를 더하면 사과 5개가 되고,
5개에서 3개를 더 더하면 사과는 8개가 됩니다.
이것을 식으로 4+1+3=8이라고 씁니다.
4+1+3의 계산은 처음 두개 4+1을 먼저 계산하고, 그 값에 뒤에 있는 +3을 계산합니다.

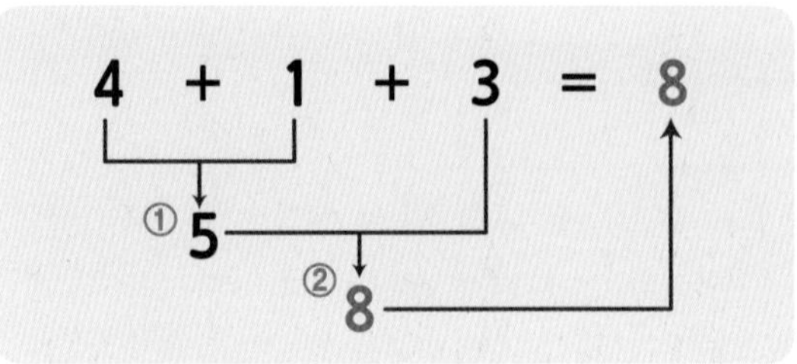


※ 덧셈만 있는 식은 순서에 관계없이 뒤에 것부터 계산해도 됩니다.

위의 내용을 생각해서 아래의 ☐에 알맞은 수를 적으세요.

01. 1 + 2 + 1 = ☐
① 3 ② 4

02. 1 + 5 + 2 = ☐

03. 5 + 3 + 1 = ☐

04. 4 + 0 + 4 = ☐

05. 2 + 4 + 3 = ☐

06. 5 + 2 + 2 = ☐

07. 3 + 4 + 1 = ☐

08. 1 + 5 + 3 = ☐

09. 4 + 1 + 3 = ☐

10. 2 + 3 + 2 = ☐

11 1 + 4 + 3 = ☐
1 + 4 = ① ☐, ☐ + 3 = ② ☐

12 3 + 5 + 0 = ☐
3 + 5 = ☐, ☐ + 0 = ☐

13 2 + 6 + 1 = ☐
2 + 6 = ☐, ☐ + 1 = ☐

14 4 + 1 + 4 = ☐
4 + 1 = ☐, ☐ + 4 = ☐

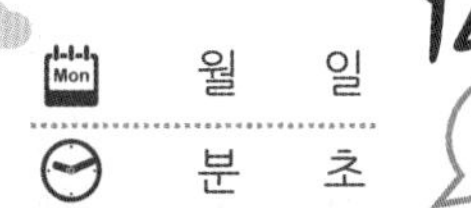


14 문제 중 문제 맞았어!

## 4 + 1 − 3 의 계산

사과 4개에서 사과 1개를 더하면 사과 5개가 되고,
5개에서 3개를 빼면 사과는 2개가 됩니다.
이것을 식으로 4+1−3=2 이라고 씁니다.
4+1−3의 계산은 처음 두개 4+1을 먼저 계산하고, 그 값에 뒤에 있는 −3을 계산합니다.

4 + 1 − 3 = 2
① 5
② 2

※ 여러 개의 식이 붙어 있으면, 처음부터 한개 한개 계산합니다.

위의 내용을 생각해서 아래의 □에 알맞은 수를 적으세요.

01. 1 + 2 − 1 = □ ① 3 ② 2

02. 3 + 4 − 5 = □

03. 6 + 3 − 3 = □

04. 5 + 2 − 4 = □

05. 4 + 1 − 2 = □

06. 2 + 4 − 1 = □

07. 4 + 5 − 6 = □

08. 3 + 1 − 2 = □

09. 5 + 3 − 4 = □

10. 1 + 5 − 3 = □

11 3 + 6 − 4 = □ (3 + 6 = ① □, □ − 4 = ② □)

12 4 + 4 − 5 = □ (4 + 4 = □, □ − 5 = □)

13 7 + 2 − 7 = □ (7 + 2 = □, □ − 7 = □)

14 5 + 3 − 6 = □ (5 + 3 = □, □ − 6 = □)

월 일
분 초
14 문제 중 문제 맞음

## 4 − 1 + 3 의 계산

사과 4개에서 사과 1개를 빼면 사과 3개가 되고,

3개에서 3개를 더하면 사과는 6개가 됩니다.

이것을 식으로 4−1+3=6이라고 씁니다.

4−1+3의 계산은 처음 두개 4−1을 먼저 계산하고, 그 값에 뒤에 있는 +3을 계산하면 됩니다.

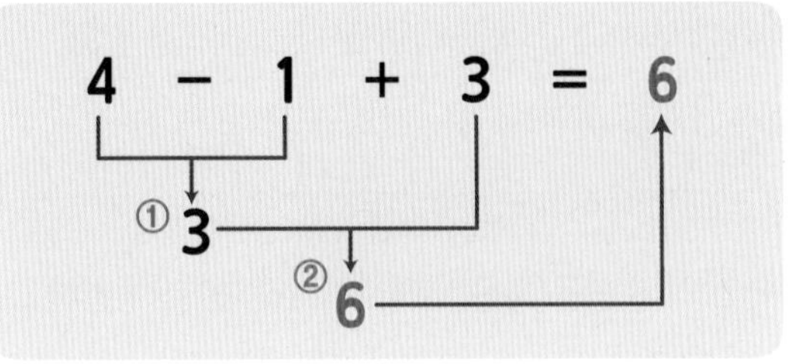


※ 여러 개의 식이 붙어 있으면, 처음부터 한개 한개 계산합니다.

위의 내용을 생각해서 아래의 □에 알맞은 수를 적으세요.

01. 4 − 3 + 5 = □
① 1 ② 6

02. 7 − 4 + 6 = □

03. 8 − 6 + 4 = □

04. 6 − 5 + 1 = □

05. 5 − 2 + 4 = □

06. 3 − 2 + 2 = □

07. 5 − 0 + 3 = □

08. 2 − 1 + 1 = □

09. 4 − 4 + 5 = □

10. 6 − 3 + 3 = □

11 7 − 3 + 4 = □
7 − 3 = ① □, □ + 4 = ② □

12 5 − 1 + 5 = □
5 − 1 = □, □ + 5 = □

13 6 − 4 + 3 = □
6 − 4 = □, □ + 3 = □

14 8 − 2 + 2 = □
8 − 2 = □, □ + 2 = □

# 64 수 3개의 계산 (--)

## 4 − 1 − 3 의 계산

사과 4개에서 사과 1개를 빼면 사과 3개가 되고,

3개에서 3개를 더 빼면 사과는 0개가 됩니다.

이것을 식으로 4−1−3=0이라고 씁니다.

4−1−3의 계산은 처음 두개 4−1을 먼저 계산하고, 그 값에 뒤에 있는 −3을 계산하면 됩니다.

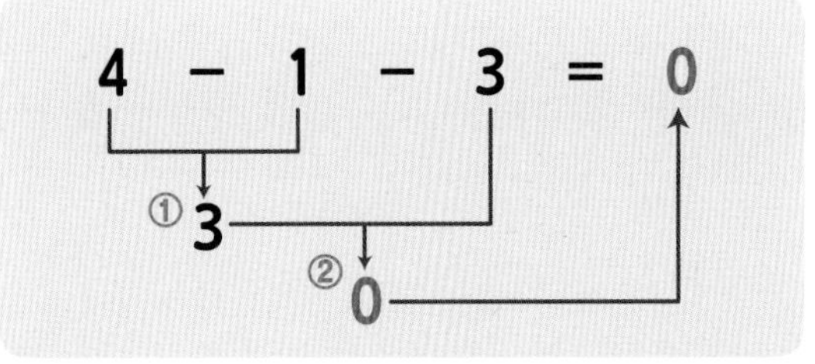


※ 여러 개의 식이 붙어 있으면, 처음부터 한개 한개 계산합니다.

위의 내용을 생각해서 아래의 □에 알맞은 수를 적으세요.

01. 9 − 1 − 5 = □  ① 8  ② 3

02. 7 − 2 − 1 = □

03. 9 − 3 − 4 = □

04. 6 − 2 − 2 = □

05. 8 − 0 − 3 = □

06. 5 − 1 − 4 = □

07. 9 − 4 − 1 = □

08. 6 − 2 − 3 = □

09. 8 − 5 − 2 = □

10. 7 − 3 − 4 = □

11 8 − 5 − 2 = □  (① 8 − 5 = □, ② □ − 2 = □)

12 7 − 3 − 4 = □  (7 − 3 = □, □ − 4 = □)

13 9 − 2 − 3 = □  (9 − 2 = □, □ − 3 = □)

14 6 − 4 − 1 = □  (6 − 4 = □, □ − 1 = □)

# 65 수 3개의 계산 (연습1)

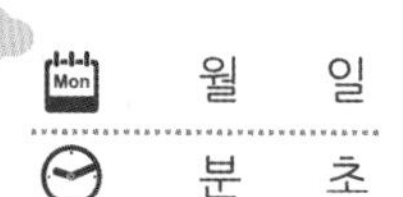

월 일
분 초

18 문제 중 문제 맞

소리내 풀기

수 3개의 계산을 자신이 편한 방법으로 계산하여 값을 구하세요.

01. $4 + 2 + 1 =$

02. $6 + 1 + 2 =$

03. $5 + 5 + 0 =$

04. $3 + 3 - 6 =$

05. $7 + 1 - 4 =$

06. $2 + 7 - 5 =$

07. $4 - 1 + 6 =$

08. $7 - 6 + 2 =$

09. $5 - 3 + 4 =$

10. $8 - 4 + 3 =$

11. $6 - 2 + 5 =$

12. $9 - 3 + 1 =$

13. $5 - 1 - 4 =$

14. $8 - 5 - 3 =$

15. $9 - 4 - 1 =$

16. $6 - 3 - 2 =$

17. $7 - 6 - 0 =$

18. $8 - 2 - 5 =$

## 확인 (틀린 문제의 수를 적고, 약한 부분을 보충하세요.)

| 회차 | 틀린문제수 |
|---|---|
| 61 회 | 문제 |
| 62 회 | 문제 |
| 63 회 | 문제 |
| 64 회 | 문제 |
| 65 회 | 문제 |

## 생각해보기 (배운 내용이 모두 이해되었나요?)

■ 모두 이해하고 자신있다. → 다음 회로 넘어 갑니다.

■ 1~2문제 틀릴 수는 있겠지만 거의 이해한다.
→ 개념부분을 한번 더 읽고 다음 회로 넘어 갑니다.

■ 잘 모르는 것 같다.
→ 개념부분과 틀린문제를 한번 더 보고 다음 회로 넘어 갑니다.

## 오답노트 (앞에서 틀린 문제나 기억하고 싶은 문제를 적습니다.)

| 회 번 | |
|---|---|
| 문제 | 풀이 |

| 회 번 | |
|---|---|
| 문제 | 풀이 |

| 회 번 | |
|---|---|
| 문제 | 풀이 |

| 회 번 | |
|---|---|
| 문제 | 풀이 |

| 회 번 | |
|---|---|
| 문제 | 풀이 |

# 66 수 3개의 계산 (연습2)

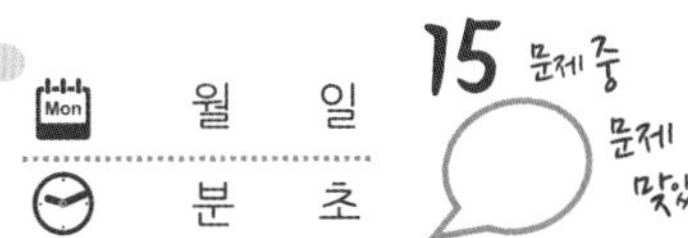

보기와 같이 계산하고 ▢에 알맞은 수를 적으세요.

01.

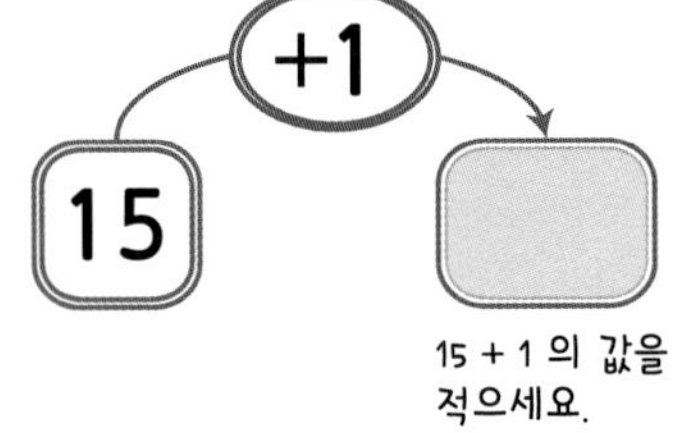


02.

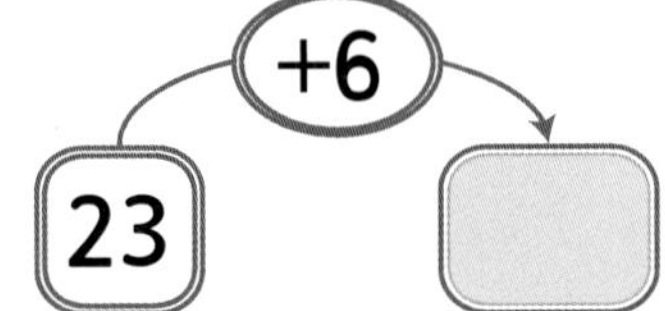


03.

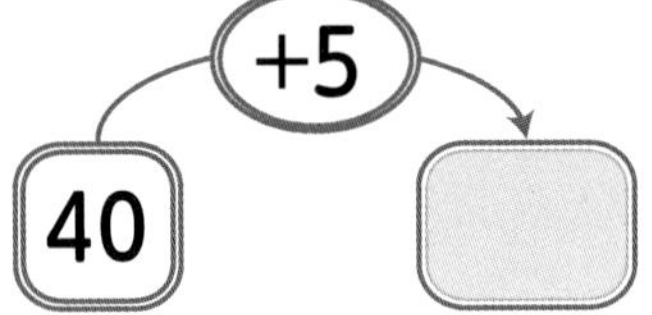


04.

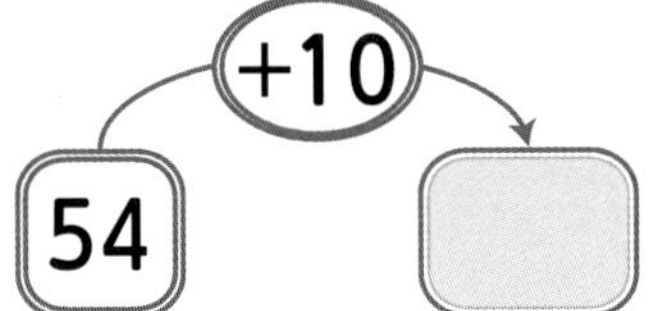


05.

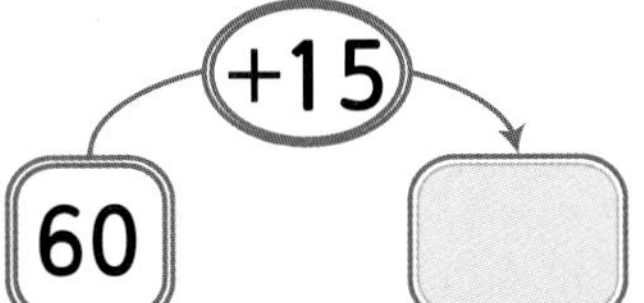


06.

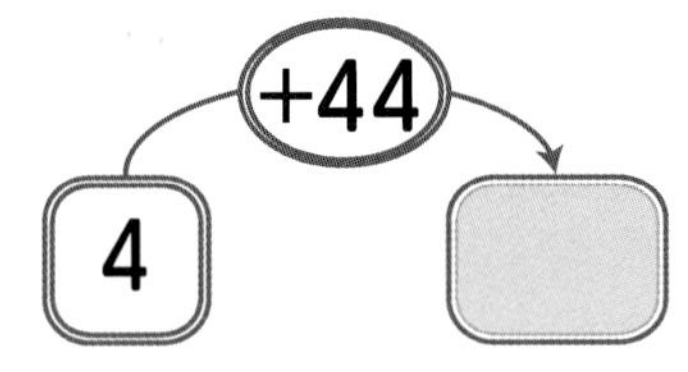


07.

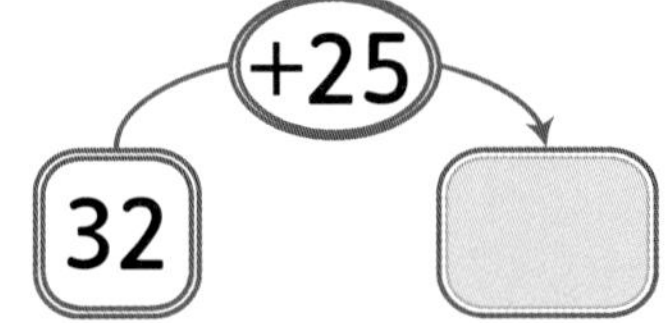


08.

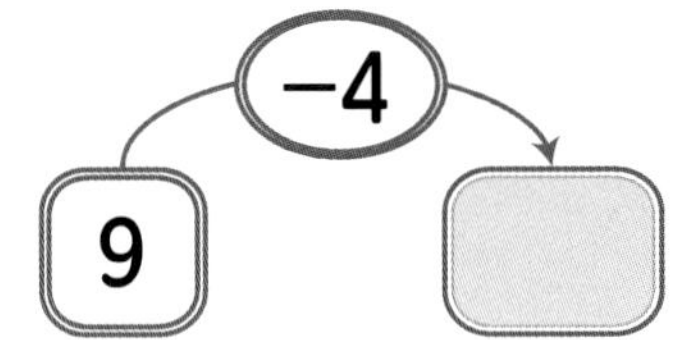


09.

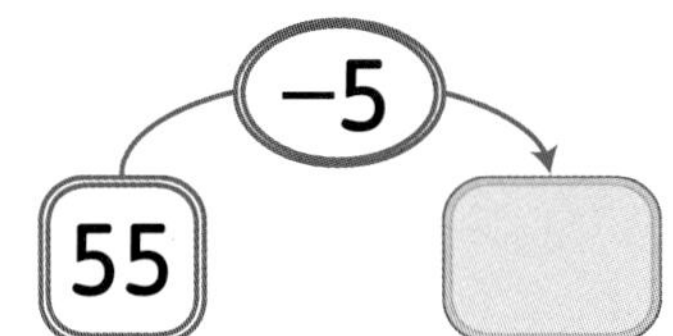


10.

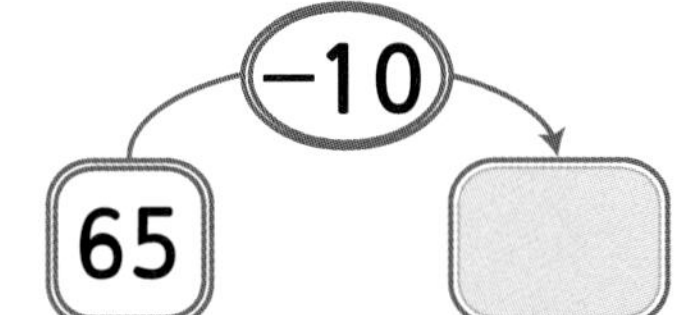


11.

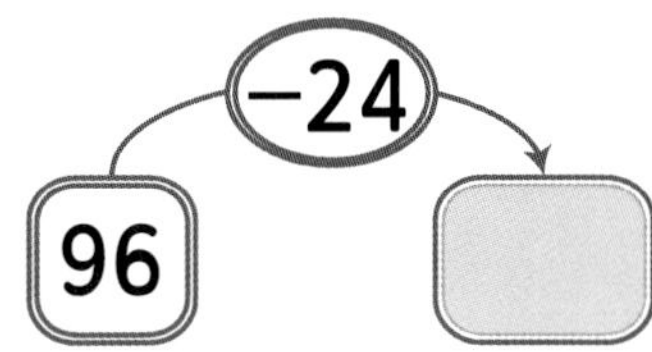


12.

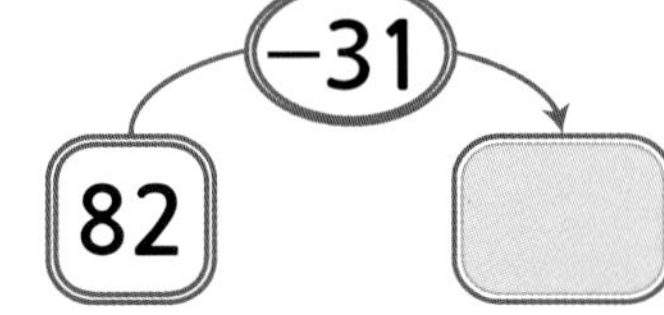


13.

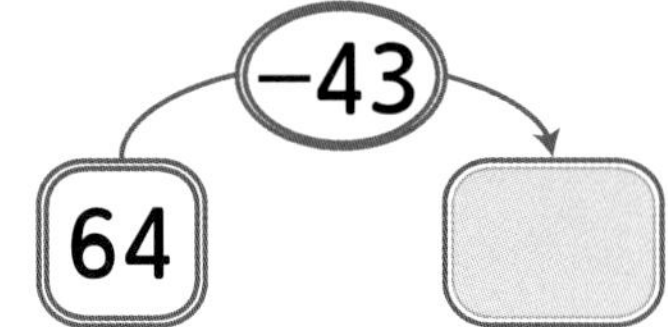


14.

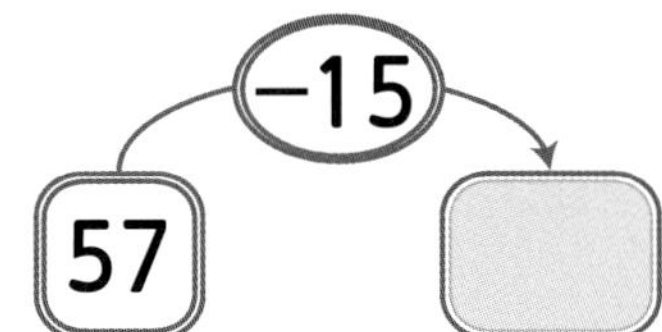


15.

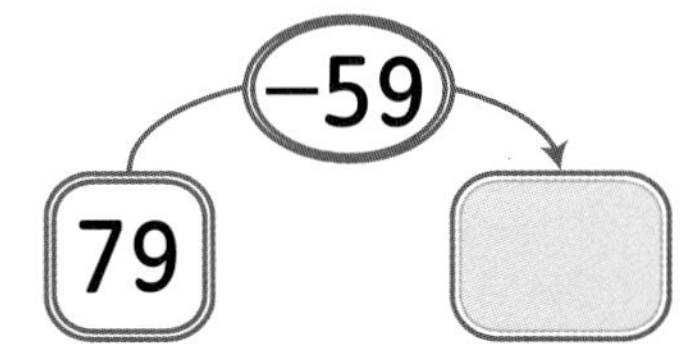

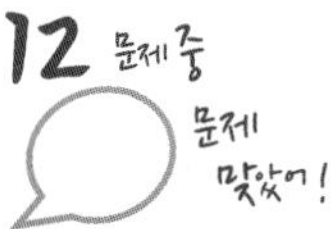

식을 밑으로 적어서 계산하고, 값을 적으세요.

01. 1 + 13 = ☐ + 3 = ☐

1+13 의 값을 적으세요.

☐+3 의 값을 적으세요.

02. 5 + 24 = ☐ + 2 = ☐

03. 27 + 2 = ☐ − 5 = ☐

04. 23 + 5 = ☐ − 4 = ☐

05. 35 − 3 = ☐ + 21 = ☐

06. 47 − 13 = ☐ + 34 = ☐

07. 56 + 23 = ☐ − 45 = ☐

08. 23 + 34 = ☐ − 13 = ☐

09. 79 − 0 = ☐ − 27 = ☐

10. 68 − 24 = ☐ − 44 = ☐

11. 85 − 31 = ☐ − 53 = ☐

12. 97 − 52 = ☐ − 25 = ☐

# 68 수 3개의 계산 (연습4)

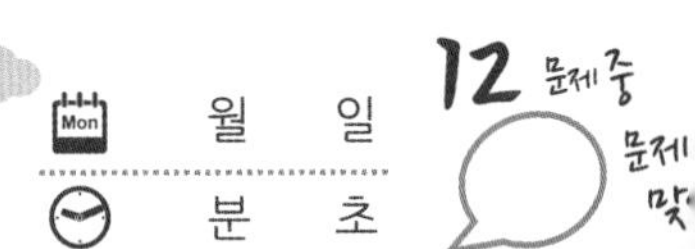


아래 문제를 풀어서 값을 빈칸에 적으세요.

01.
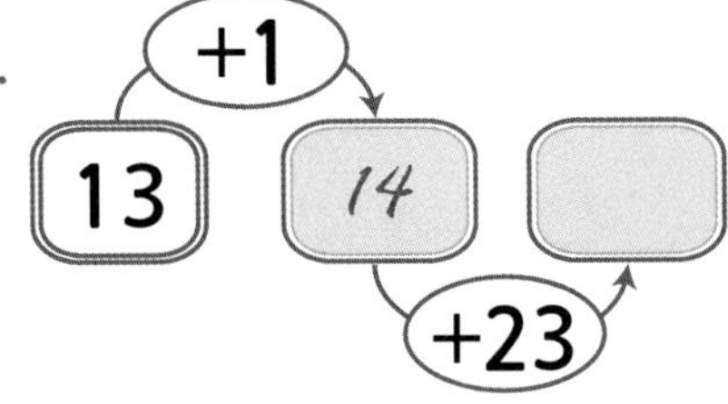


02.
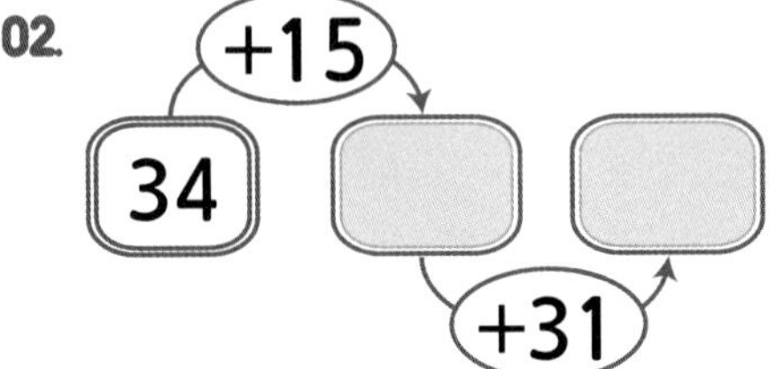


03.
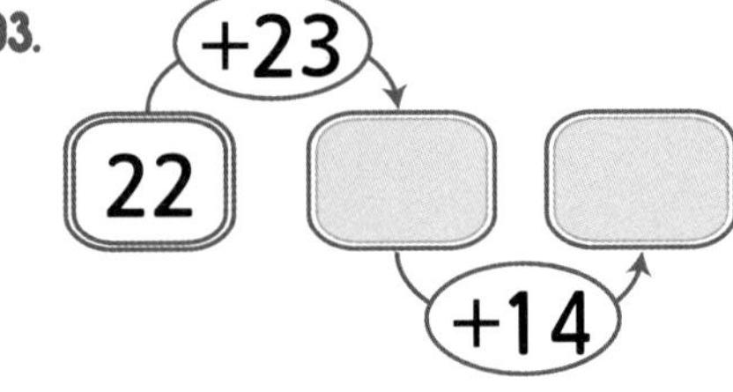


04.
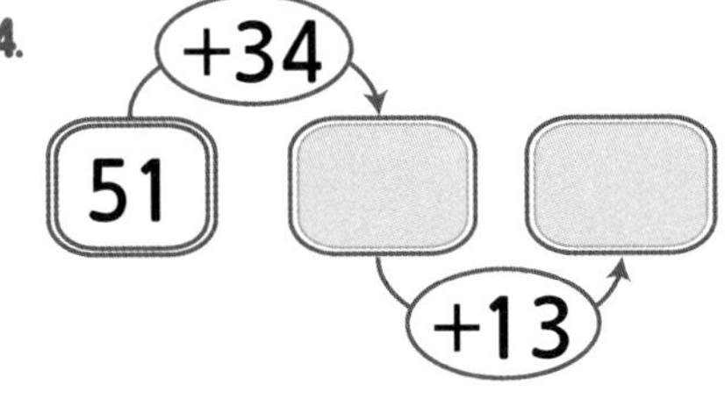


05.
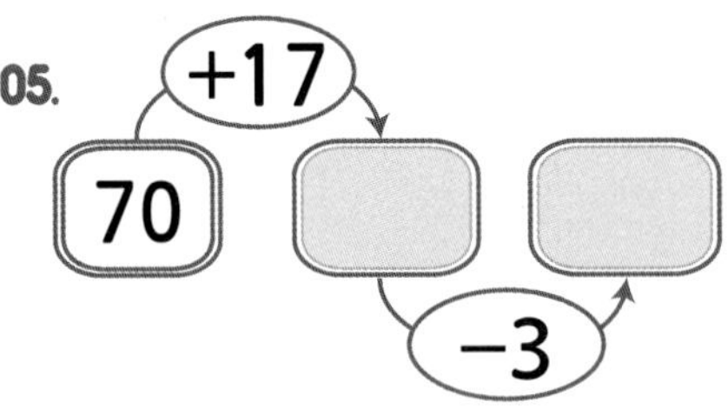


06.
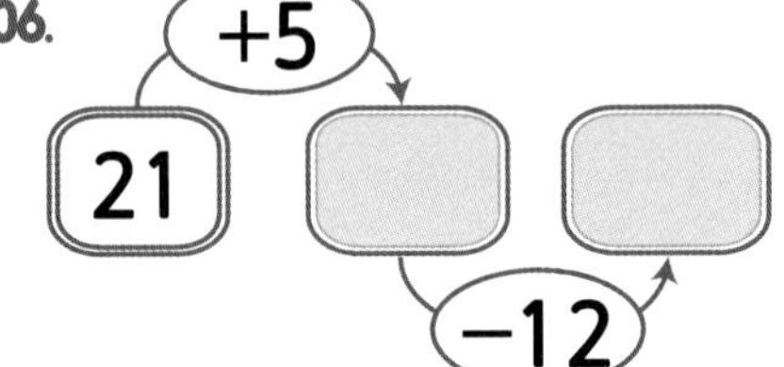


07.
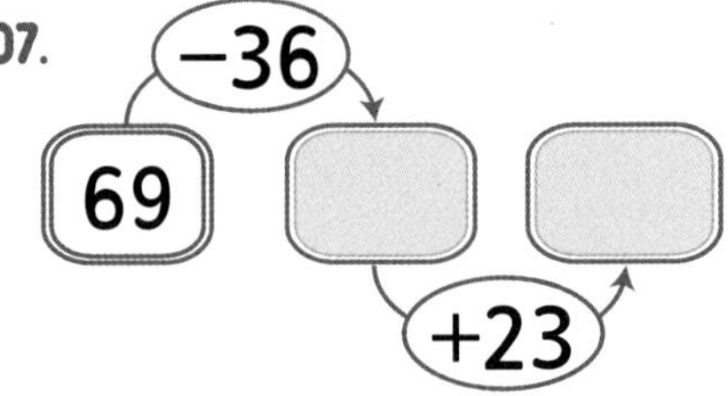


08.
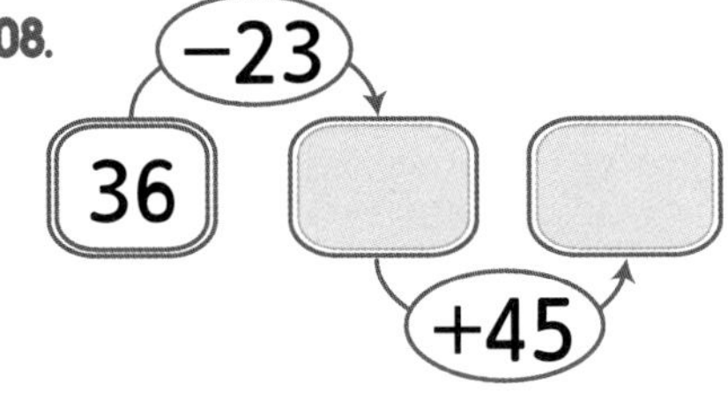


09.
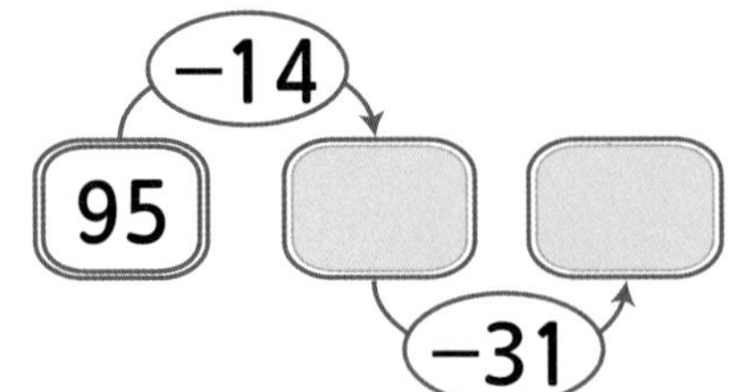


10.
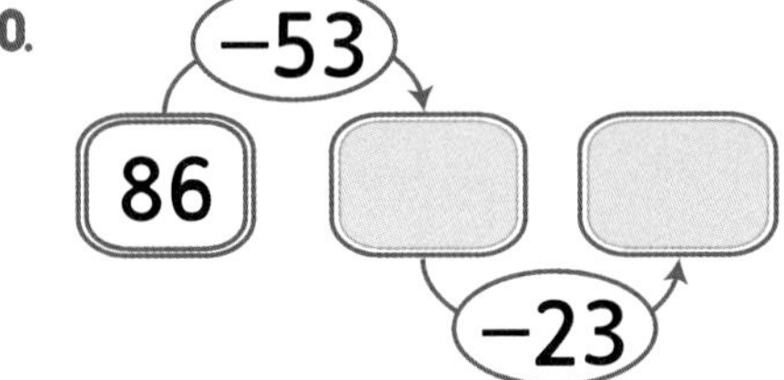


11.
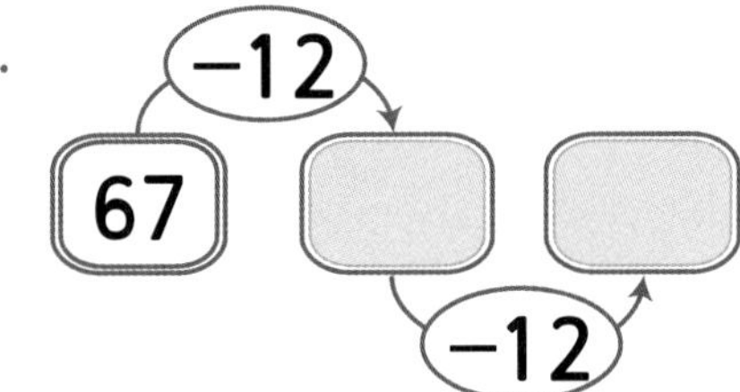


12.
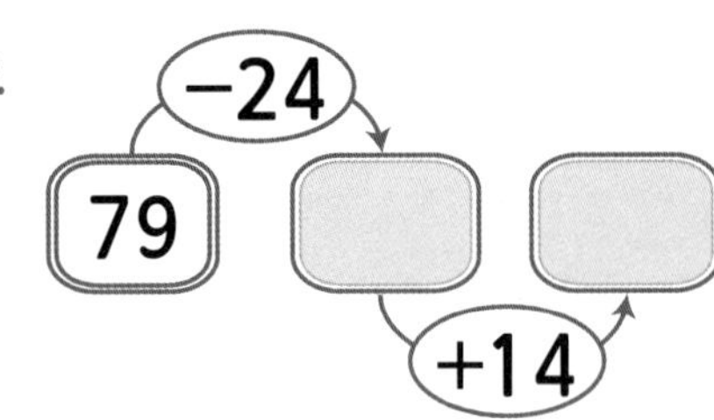

# 69 수 3개의 계산 (연습5)

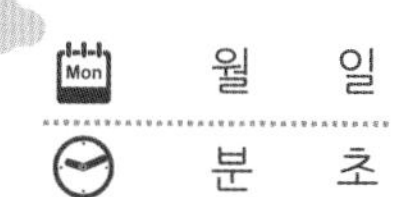

위의 숫자가 아래의 통에 들어가면 나오는 수를 계산해서 ☐에 적으세요.

01. 53 → +21 → 74 → +23 → ☐

53+21의 값을 적으세요. ☐+23의 값을 적으세요.

02. 23 → +31 → ☐ → +40 → ☐

03. 33 → +13 → ☐ → −26 → ☐

04. 11 → +32 → ☐ → −13 → ☐

05. 43 → −10 → ☐ → +26 → ☐

06. 67 → −23 → ☐ → +5 → ☐

07. 96 → −11 → ☐ → −21 → ☐

08. 78 → −43 → ☐ → −4 → ☐

09. 85 → −24 → ☐ → −12 → ☐

이어서 나는 ☐ 을(를) 공부/연습할거야!!

# 70 수 3개의 계산 (생각문제)

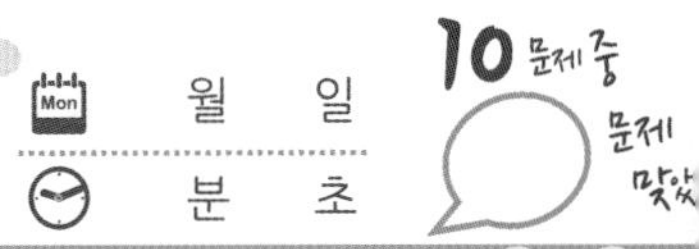

문제) 윗마을과 아랫마을에 사는 사람의 수는 같습니다. 윗마을에는 남자가 **21**명, 여자가 **18**명이 살고 있습니다. 아랫마을에 여자가 **15**명 산다면, 남자는 몇 명이 살고 있을까요?

풀이) 윗마을 사람 수 = 남자 수 + 여자 수 = 21+18 = 39명
아랫마을 사람 수도 39명이므로
아랫마을에 사는 남자 수 = 아랫마을에 사는 사람수 – 아랫마을 여자수
= 39 – 15 = 24명 입니다.

식) 21+18–15　　답) 24명

| 윗마을 | | 아랫마을 |
|---|---|---|
| 남자 21명<br>여자 18명 | = | 남자 ? 명<br>여자 15명 |

※ 간단풀이 : 여자가 3명 적으므로 남자는 3명이 많습니다. 그래서 21+3= 24명이 됩니다.

아래의 문제를 풀어보세요.

**01.** 민지는 노란 색연필 **15**개, 파란 색연필 **3**개, 빨간 색연필 **12**개가 있습니다. 민지는 색연필이 모두 몇 개일까요?

풀이) 노란 색연필 [　] 개, 파란 색연필 [　] 개,
빨간 색연필 [　]
민지가 가진 색연필 = 노란 색연필 수 + 파란 색연필 수 + 빨간 색연필 수이므로 식은 [　] 이고
답은 [　] 개 입니다.

식) ________　　답) [　] 개

**02.** 어제 냉장고에 사과 **26**개가 있어서 **4**개를 먹었습니다. 오늘 사과 **13**개를 더 사왔다면 지금은 사과가 몇 개 있을까요?

풀이) 처음 사과 수 [　] 먹은 사과 수 [　] 개,
사온 사과 수 [　] 개
지금 사과 수 = 처음 사과 수 [　] 먹은 사과 수 + 사온 사과 수이므로 식은 [　] 이고
답은 [　] 개 입니다.

식) ________　　답) [　] 개

**03.** 빵집에 가서 도넛 **24**개, 식빵 **12**개, 크림빵 **1**개를 샀습니다. 빵을 모두 몇 개 샀는지 식을 만들고 답을 적으세요.

풀이) 빵집에서 산 도넛 [　] 개, 식빵 [　] 개,
크림빵 [　] 개
빵집에서 산 빵 수 = 도넛 수 + 식빵 수 + 크림빵 수 이므로 식은 [　] 이고
답은 [　] 개 입니다.

식) ________　　답) [　] 개

**04.** 우리 집에는 색종이가 **37**장 있습니다. 종이학을 만들기 위해 **13**장를 쓰고, 종이비행기를 만드는데 **4**장을 썼습니다. 이제 남은 색종이를 구하는 식을 만들고, 답을 적으세요

( 식 4점 답 3점 )

풀이)

식) ________　　답) [　] 장

## 확인 (틀린 문제의 수를 적고, 약한 부분을 보충하세요.)

| 회차 | 틀린문제수 |
| --- | --- |
| 66 회 | 문제 |
| 67 회 | 문제 |
| 68 회 | 문제 |
| 69 회 | 문제 |
| 70 회 | 문제 |

## 생각해보기 (배운 내용이 모두 이해되었나요?)

■ 모두 이해하고 자신있다. → 다음 회로 넘어 갑니다.

■ 1~2문제 틀릴 수는 있겠지만 거의 이해한다.
→ 개념부분을 한번 더 읽고 다음 회로 넘어 갑니다.

■ 잘 모르는 것 같다.
→ 개념부분과 틀린문제를 한번 더 보고 다음 회로 넘어 갑니다.

## 오답노트 (앞에서 틀린 문제나 기억하고 싶은 문제를 적습니다.)

| 회 번 | |
| --- | --- |
| 문제 | 풀이 |

| 회 번 | |
| --- | --- |
| 문제 | 풀이 |

| 회 번 | |
| --- | --- |
| 문제 | 풀이 |

| 회 번 | |
| --- | --- |
| 문제 | 풀이 |

| 회 번 | |
| --- | --- |
| 문제 | 풀이 |

# 71 10가르기

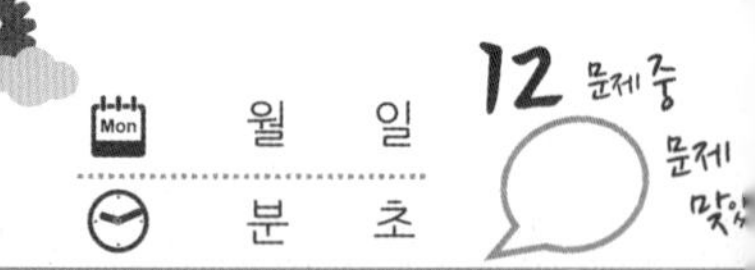

10은 2와 8로 가를 수 있습니다.

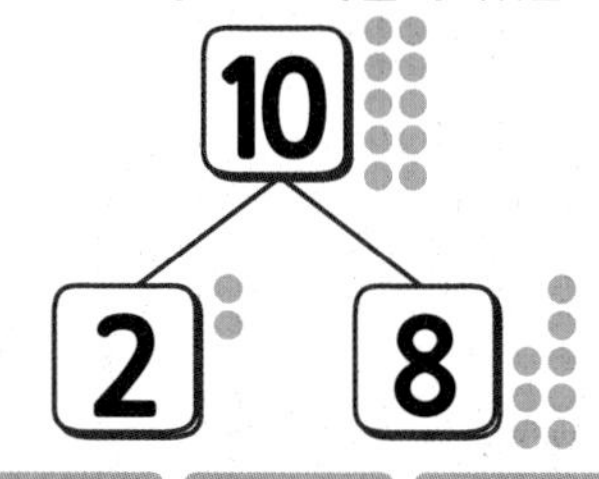

10을 두수로 가르는 방법은 9가지입니다.

| 1 9 | 2 8 | 3 7 | 4 6 | 5 5 |
|---|---|---|---|---|
| 9 1 | 8 2 | 7 3 | 6 4 | |

두 수로 가르기는 가르는 수에 1을 뺀 수만큼 가를 수 있습니다.

2는 1 가지 (1,1)
3은 2가지 (1,2), (2,1)
4는 3가지 (1,3), (2,2), (3,1)
5는 4가지 (1,4), (2,3), (3,2), (4,1)
6은 5가지 (1,5), (2,4), (3,3), (4,2) (5,1)
7은 6가지 (1,6), (2,5), (3,4), (4,3) (5,2), (6,1)
8은 7가지 (1,7), (2,6), (3,5), (4,4) (5,3), (6,2), (7,1)
9는 8가지 (1,8), (2,7), (3,6), (4,5), (5,4), (6,3), (7,2), (8,1),
10은 9가지 (1,9), (2,8), (3,7), (4,6), (5,5), (6,4), (7,3), (8,2), (9,1)

위에 있는 수를 아래에 두 수로 가르기 해보세요.

01.

02.

03.

04.

05.

06.
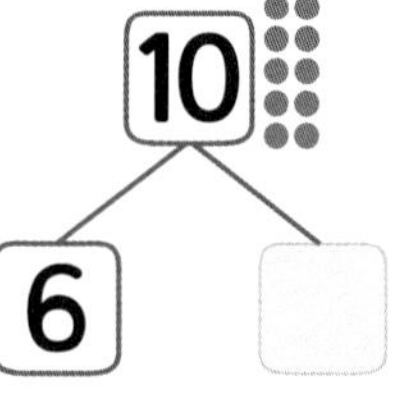


07.
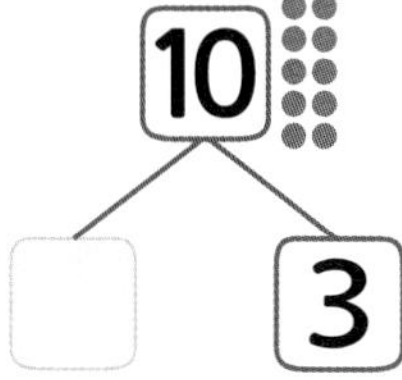


08.
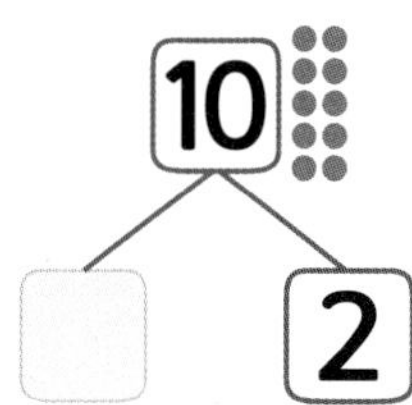


09.

10.

11.
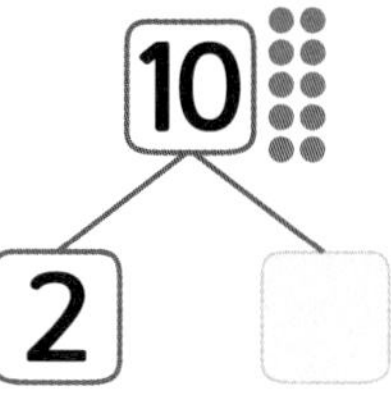


12.
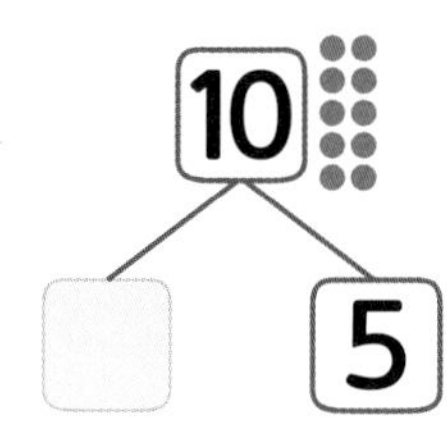

# 72 10모으기

10은 2와 8로 가를 수 있습니다.

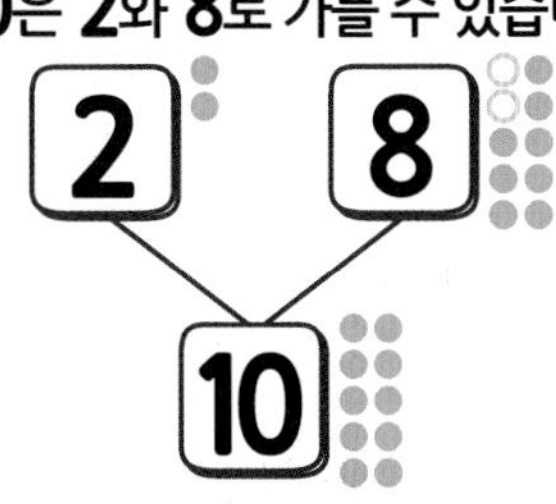

모아서 10이 되는 두수는 9가지입니다.

| 1 9 | 2 8 | 3 7 | 4 6 | 5 5 |
|---|---|---|---|---|
| 9 1 | 8 2 | 7 3 | 6 4 | |

두수로 가르고 다시 모으면 가르기 전의 수가 됩니다.

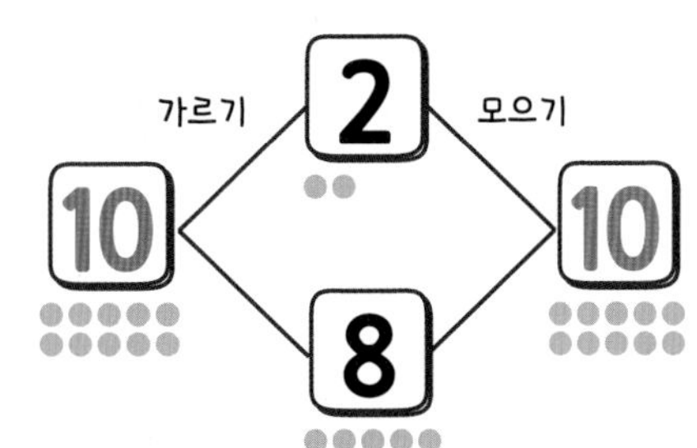


두수로 가르는 방법과 모아서 되는 수의 가지수와 방법은 같습니다..

3을 두수로 가르기 = 2가지 (1,2), (2,1)

두수를 모아서 3이 되기 = 2가지 (1,2), (2,1)

위에 있는 두수를 모으면 아래의 수가 됩니다. ☐에 알맞은 수를 적으세요.

01. 

3, 7

05. 

2, ☐ → 10

09. 

9, 1

02. 

5, ☐ → 10

06. 

4, 6

10. 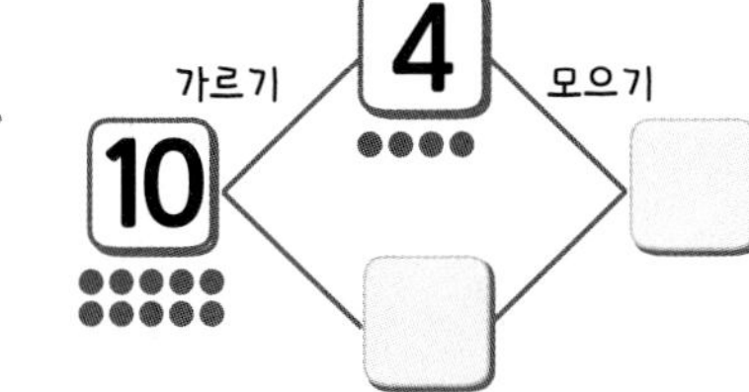


03. 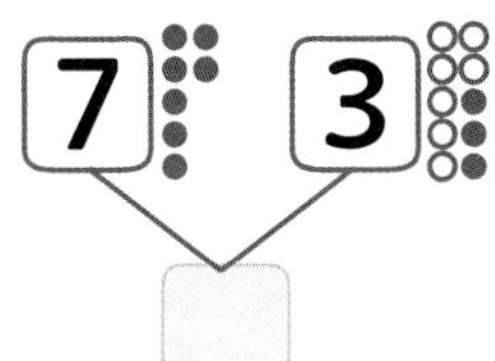

7, 3

07. 

6, ☐ → 10

11. 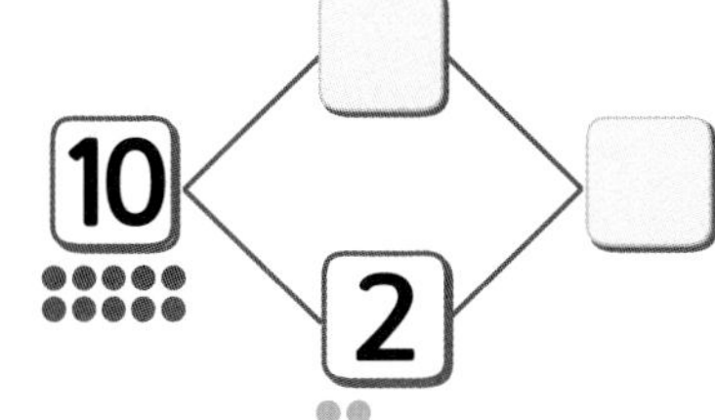


04. 

☐, 1 → 10

08. 

☐, 2 → 10

12. 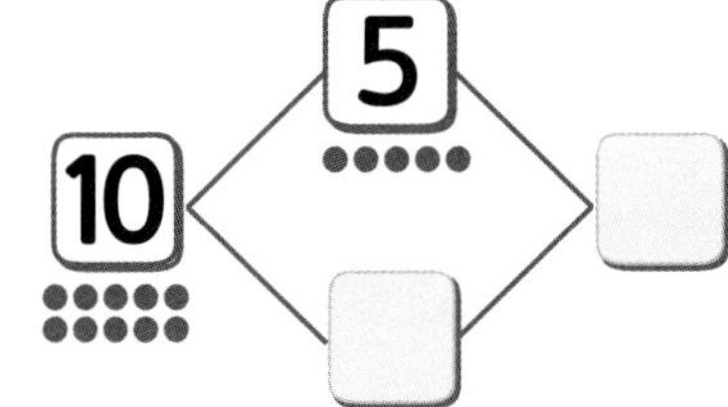

# 73 10이 되는 더하기

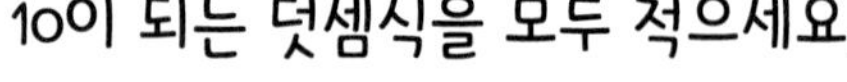

**10이 되는 덧셈식은**

1+9=10　2+8=10　3+7=10　4+6=10

5+5=10

6+4=10　7+3=10　8+2=10　9+1=10

입니다.

**10이 되는 두 수는**

1과9　2와8　3과7　4와6　5와5

입니다.

※ 1과9 와 9와1 은 같은 두수이지만,
순서가 중요할 때는 두 가지 모두 적거나, 알맞은 순서로 적어야 합니다.

소리내 풀기 10이 되는 덧셈식을 모두 적으세요.

01. 1 + 9 = 10

02. ......

03. ......

04. ......

05. ......

06. ......

07. ......

08. ......

09. ......

소리내 풀기 10이 되는 두 수를 모두 적으세요.

10. 1 과 9 (9와 1)

11. ......

12. ......

13. ......

14. ......

소리내 풀기 □ 안에 알맞은 수를 적으세요.

15. 1 + □ = 10

16. 2 + □ = 10

17. 3 + □ = 10

18. 4 + □ = 10

19. 5 + □ = 10

20. 6 + □ = 10

21. 7 + □ = 10

22. 8 + □ = 10

23. 9 + □ = 10

24. □ + 2 = 10

25. □ + 4 = 10

26. □ + 7 = 10

# 74 10에서 빼기

소리내 읽기

**10에서 빼는 뺄셈식은**

10－1=9 10－2=8 10－3=7 10－4=6

10－5=5

10－6=4 10－7=3 10－8=2 10－9=1

이 있습니다.

**10이 되는 보수 ?**

더해서 10이 되는 수를 10의 보수라고 합니다.

1과 9 2와 8 3과 7 4와 6 5와 5

9와 1 8과 2 7과 3 6과 4

이 있습니다.

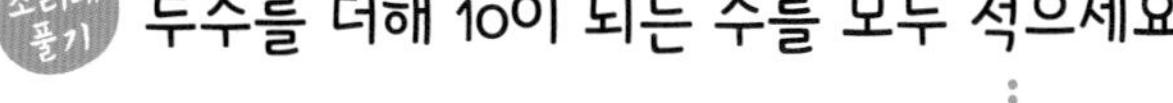

소리내 풀기 10이 되는 뺄셈식을 모두 적으세요.

01. 10 - 1 = 9

02.

03.

04.

05.

06.

07.

08.

09.

소리내 풀기 두수를 더해 10이 되는 수를 모두 적으세요.

10. 1 과 9 (9와 1)

11.

12.

13.

14.

소리내 풀기 □ 안에 알맞은 수를 적으세요.

15. 10 − □ = 9

16. 10 − □ = 8

17. 10 − □ = 7

18. 10 − □ = 6

19. 10 − □ = 5

20. 10 − □ = 4

21. 10 − □ = 3

22. 10 − □ = 2

23. 10 − □ = 1

24. □ − 2 = 8

25. □ − 4 = 6

26. □ − 7 = 3

이어서 나는 □ 을(를) 공부/연습할거야!!

# 10 가르기와 모으기 (연습)

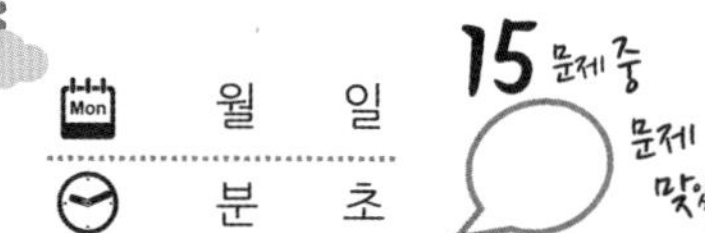

가르기와 모으기를 해서 ☐에 알맞은 수를 적으세요.

01. 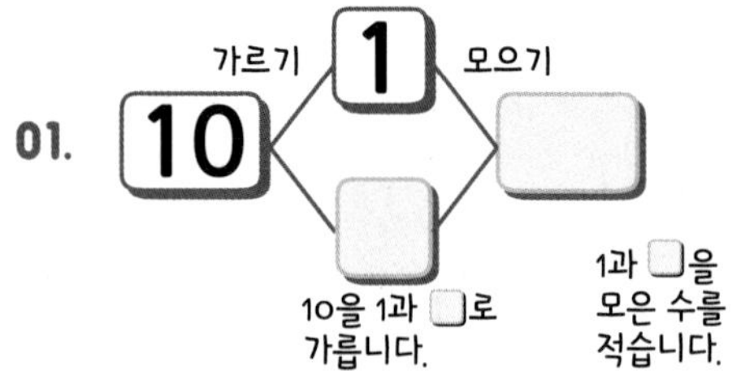


02. 10 → 3, ☐ → ☐

03. 10 → ☐, 4 → ☐

04. 10 → ☐, 2 → ☐

05. ☐ → 5, 5 → ☐

06. 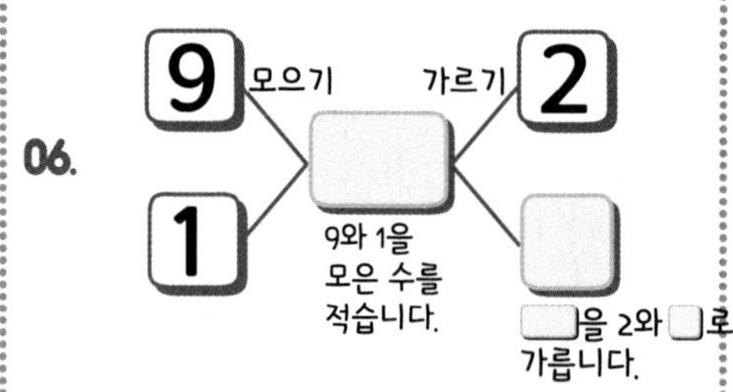


07. 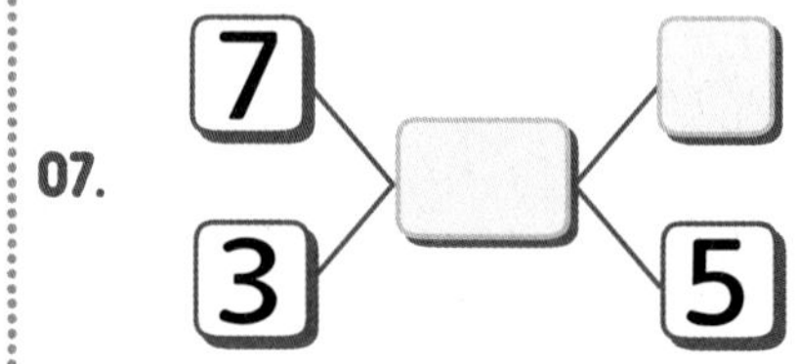


08. ☐, 8 → 10 → 4, ☐

09. 4, ☐ → 10 → ☐, 3

10. ☐, 2 → 10 → ☐, 8

11. 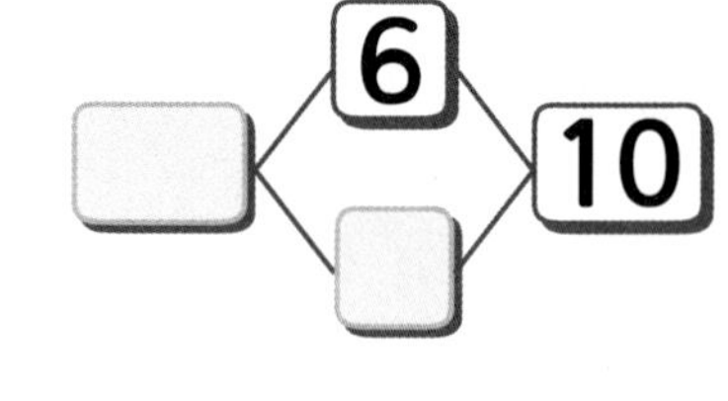


12. 

13. 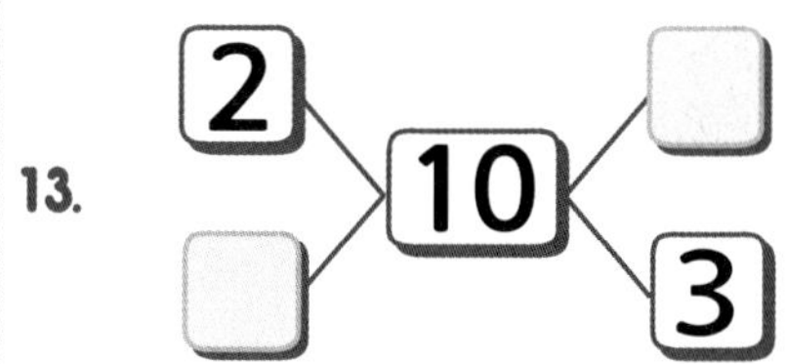


14. 

15. 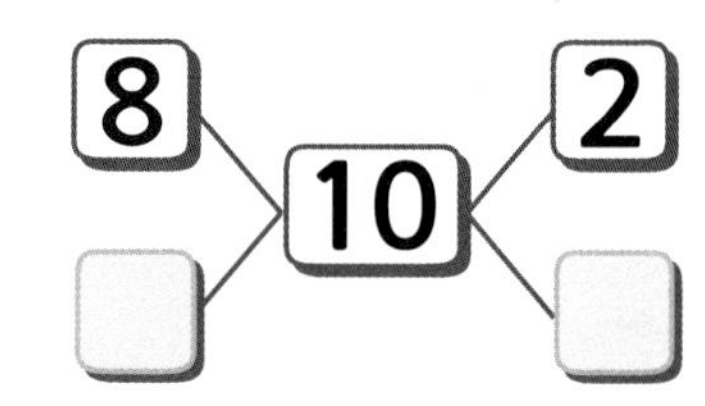

## 확인 (틀린 문제의 수를 적고, 약한 부분을 보충하세요.)

| 회차 | 틀린문제수 |
|---|---|
| 71 회 | 문제 |
| 72 회 | 문제 |
| 73 회 | 문제 |
| 74 회 | 문제 |
| 75 회 | 문제 |

## 생각해보기 (배운 내용이 모두 이해되었나요?)

■ 모두 이해하고 자신있다. → 다음 회로 넘어 갑니다.

■ 1~2문제 틀릴 수는 있겠지만 거의 이해한다.
→ 개념부분을 한번 더 읽고 다음 회로 넘어 갑니다.

■ 잘 모르는 것 같다.
→ 개념부분과 [illegible]를 한번 더 보고 다음 회로 넘어 갑니다.

## 오답노트 (앞에서 틀린 문제나 기억하고 싶은 문제를 적습니다.)

| 회 번 | |
|---|---|
| 문제 | 풀이 |

| 회 번 | |
|---|---|
| 문제 | 풀이 |

| 회 번 | |
|---|---|
| 문제 | 풀이 |

| 회 번 | |
|---|---|
| 문제 | 풀이 |

| 회 번 | |
|---|---|
| 문제 | 풀이 |

# 76 10 먼저 만들기

월 일
분 초
12 문제 중 문제 맞았

**10을 먼저** 만들어 보세요.

| 3 + 7 + 2 = 12 → 10 + 2 = 12 | 5 + 2 + 8 = 15 → 5 + 10 = 15 | 6 + 7 + 4 = 17 → 10 + 7 = 17 |
|---|---|---|

옆의 보기와 같이 10이 되는 두 수를 먼저 더하고 나머지 수를 더하면 계산이 쉽습니다.

※ 덧셈은 순서가 바뀌어도 값이 같기 때문에 쉬운 수부터 먼저 더해도 값은 같습니다.

위의 내용을 생각해서 아래의 빈칸에 알맞은 수를 적으세요.

01. 2 + 8 + 5
= ☐ + 5
= ☐

02. 1 + 9 + 3
= ☐ + 3
= ☐

03. 3 + 7 + 6
= ☐ + 6
= ☐

04. 5 + 5 + 7
= ☐ + 7
= ☐

05. 7 + 1 + 9
= 7 + ☐
= ☐

06. 8 + 4 + 6
= 8 + ☐
= ☐

07. 4 + 2 + 8
= 4 + ☐
= ☐

08. 6 + 3 + 7
= 6 + ☐
= ☐

09. 9 + 6 + 1
= ☐ + 6
= ☐

10. 3 + 8 + 7
= ☐ + 8
= ☐

11. 6 + 5 + 4
= ☐ + 5
= ☐

12. 7 + 2 + 3
= ☐ + 2
= ☐

# 77 더해서 10이 넘는 덧셈 (1)

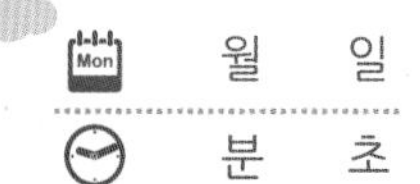

## 8 + 5의 계산

8에 2를 더하면 10이 되므로 5를 2와 3으로 가릅니다.
앞의 두 수를 더해 10을 만들고 남은 3은 낱개가 됩니다.

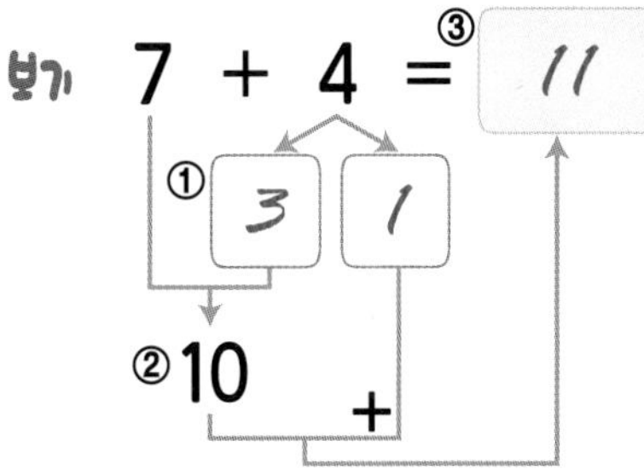


그러므로 **8 + 5 = 13** 입니다.

① 앞의 수의 합이 10이 되도록 5를 2와 3으로 가릅니다.

② 앞의 수를 더해 10을 만듭니다.

③ 뒤의 남은 수를 더해 값을 구합니다.

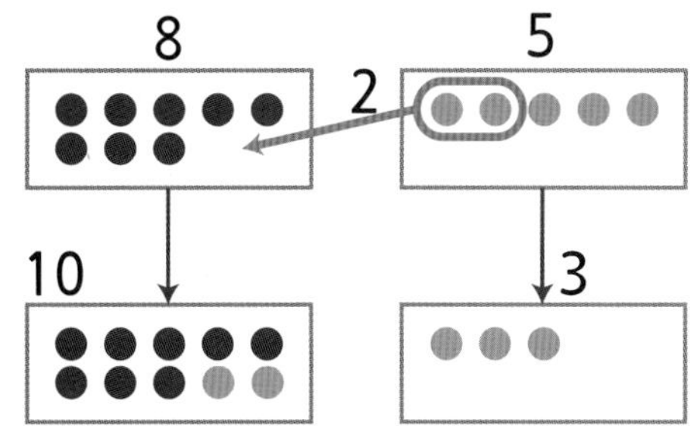


※ 앞의 수를 10이 되도록 뒤의 수를 갈라서 10을 만들어 주고 남는 수는 낱개가 됩니다.

보기와 같이 아래 문제의 □에 알맞은 수를 적으세요.

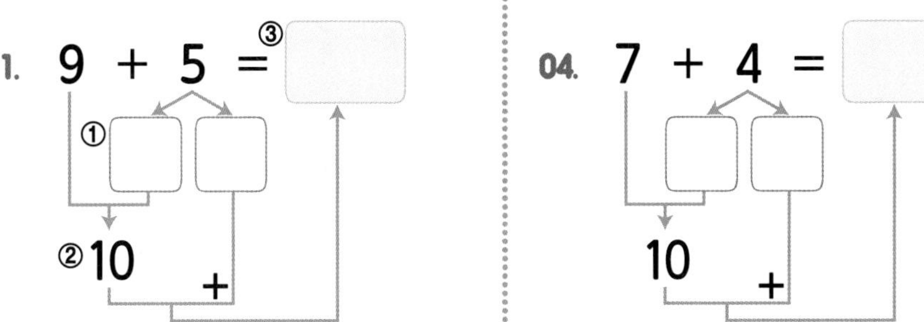

보기 7 + 4 = ③ 11
① 3 1
② 10 +

01. 9 + 5 = ③ □
① □ □
② 10 +

02. 8 + 3 = ③ □
① □ □
② 10 +

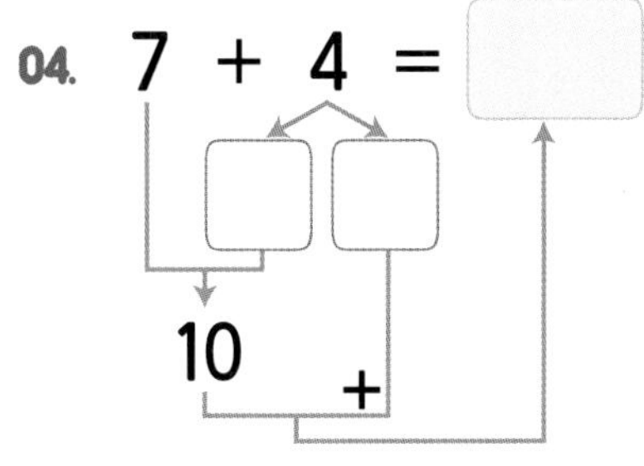

03. 9 + 6 = □
□ □
10 +

04. 7 + 4 = □
□ □
10 +

05. 6 + 5 = □
□ □
10 +

06. 7 + 5
= 7 + □ + □
= 10 + 2
= □

07. 9 + 6
= 9 + □ + □
= 10 + 5
= □

08. 8 + 3
= 8 + □ + □
= 10 + 1
= □

# 78 더해서 10이 넘는 덧셈 (연습1)

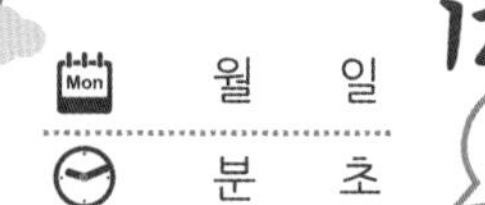

월 일
분 초

12 문제 중 문제 맞음

뒤의 수를 갈라서 10을 만드는 방법으로 덧셈을 해보세요.

01. 7 + 6 = ☐
☐ ☐
10 +

02. 9 + 3 = ☐
☐ ☐
10 +

03. 8 + 4 = ☐
☐ ☐
10 +

04. 6 + 5 = ☐
☐ ☐
10 +

05. 9 + 6
= 9 + ☐ + ☐
= 10 + 5
= ☐

06. 7 + 5
= 7 + ☐ + ☐
= 10 + 2
= ☐

07. 8 + 7
= 8 + ☐ + ☐
= 10 + 5
= ☐

08. 6 + 8
= 6 + ☐ + ☐
= 10 + 4
= ☐

09. 8 + 3 = ☐

10. 9 + 5 = ☐

11. 6 + 6 = ☐

12. 7 + 4 = ☐

**5 + 8 의 계산**

8에 2를 더하면 10이 되므로 5를 3과 2로 가릅니다.
뒤에 두 수를 더해 10을 만들고 남은 3은 낱개가 됩니다.

$$5+8 \to 3+2+8 \to 3+10 \to 13$$

그러므로 **5 + 8 = 13** 입니다.

① 뒤의 수의 합이 10이 되도록 5를 3과 2로 가릅니다.

② 뒤의 수를 더해 10을 만듭니다.

③ 앞의 남은 수를 더해 값을 구합니다.

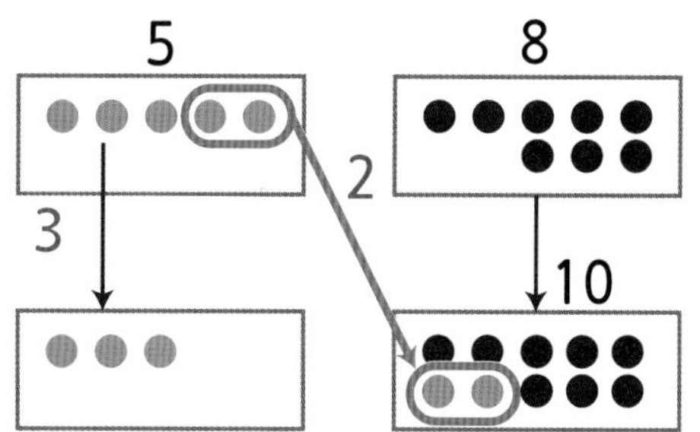


※ 뒤의 수를 10이 되도록 앞의 수를 갈라서 10을 만들고 남는 수는 낱개가 됩니다. (결국 작은 수를 가르는 것입니다.)

보기와 같이 아래 문제의 ☐에 알맞은 수를 적으세요.

보기 4 + 7 = ③ 11
① 1 3
② + 10

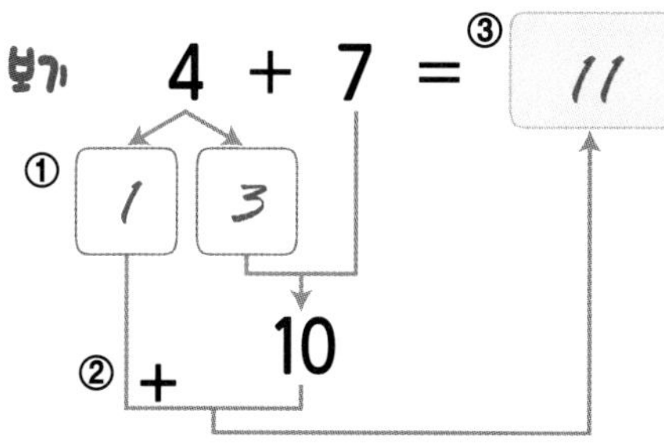

01. 3 + 8 = ③ ☐
① ☐ ☐
② + 10

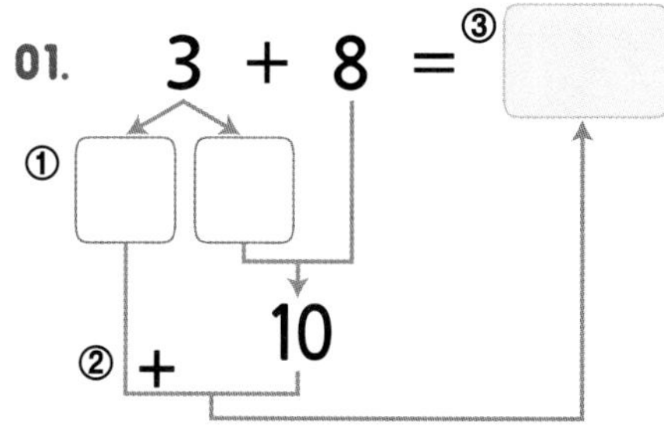

02. 4 + 6 = ③ ☐
① ☐ ☐
② + 10

03. 6 + 7 = ☐
☐ ☐
\+ 10

04. 5 + 6 = ☐
☐ ☐
\+ 10

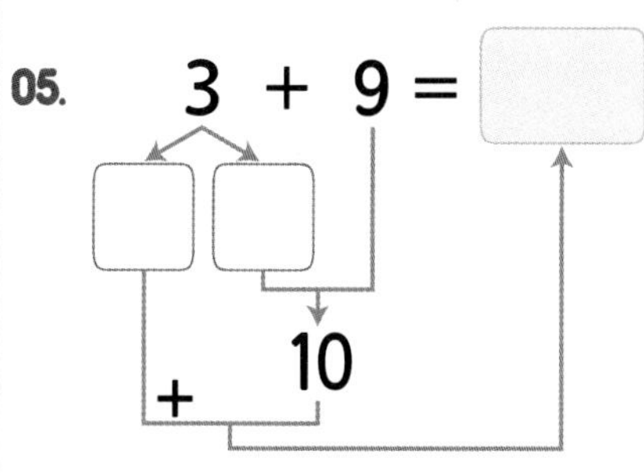

05. 3 + 9 = ☐
☐ ☐
\+ 10

06. 6 + 8
= 4 + ☐ + 8
= 4 + ☐ = ☐

07. 5 + 7
= 2 + ☐ + 7
= 2 + ☐ = ☐

08. 8 + 9
= 7 + ☐ + 9
= 7 + ☐ = ☐

앞의 수를 갈라서 10을 만드는 방법으로 덧셈을 해보세요.

01. 5 + 6 = ☐
☐ ☐
+ 10

02. 4 + 8 = ☐
☐ ☐
+ 10

03. 6 + 9 = ☐
☐ ☐
+ 10

04. 7 + 7 = ☐
☐ ☐
+ 10

05. 5 + 9
= 4 + ☐ + 9
= 4 + ☐ = ☐

06. 7 + 8
= 5 + ☐ + 8
= 5 + ☐ = ☐

07. 8 + 6
= 4 + ☐ + 6
= 4 + ☐ = ☐

08. 9 + 7
= 6 + ☐ + 7
= 6 + ☐ = ☐

09. 5 + 8 = ☐

10. 9 + 9 = ☐

11. 5 + 7 = ☐

12. 4 + 6 = ☐

## 확인 (틀린 문제의 수를 적고, 약한 부분을 보충하세요.)

| 회차 | 틀린문제수 |
|---|---|
| 76 회 | 문제 |
| 77 회 | 문제 |
| 78 회 | 문제 |
| 79 회 | 문제 |
| 80 회 | 문제 |

## 생각해보기 (배운 내용이 모두 이해되었나요?)

■ 모두 이해하고 자신있다. → 다음 회로 넘어 갑니다.

■ 1~2문제 틀릴 수는 있겠지만 거의 이해한다.
→ 개념부분을 한번 더 읽고 다음 회로 넘어 갑니다.

■ 잘 모르는 것 같다.
→ 개념부분과 틀린문제를 한번 더 보고 다음 회로 넘어 갑니다.

## 오답노트 (앞에서 틀린 문제나 기억하고 싶은 문제를 적습니다.)

회 번

| 문제 | 풀이 |
|---|---|
| | |

회 번

| 문제 | 풀이 |
|---|---|
| | |

회 번

| 문제 | 풀이 |
|---|---|
| | |

회 번

| 문제 | 풀이 |
|---|---|
| | |

회 번

| 문제 | 풀이 |
|---|---|
| | |

# 81 더해서 10이 넘는 덧셈 (연습3)

월 일
분 초

21 문제 중 문제 맞춤

계산해서 값을 적으세요.

01. $8 + 4 =$

02. $7 + 6 =$

03. $9 + 3 =$

04. $6 + 5 =$

05. $8 + 7 =$

06. $7 + 4 =$

07. $9 + 5 =$

08. $8 + 6 =$

09. $9 + 4 =$

10. $7 + 5 =$

11. $9 + 8 =$

12. $6 + 7 =$

13. $4 + 9 =$

14. $9 + 7 =$

15. $6 + 8 =$

16. $4 + 7 =$

17. $9 + 9 =$

18. $6 + 8 =$

19. $3 + 9 =$

20. $8 + 8 =$

21. $7 + 8 =$

# 82 더해서 10이 넘는 덧셈 (연습4)

제일 앞의 수와 제일 위의 수를 더해서 빈 칸에 적으세요.

01.

| + | 2 | 4 | 6 |
|---|---|---|---|
| 4 | 4 + 2 = 6 | 4 + 4 = | 4 + 6 = |
| 2 | 2 + 2 = | 2 + 4 = | 2 + 6 = |
| 6 | 6 + 2 = | 6 + 4 = | 6 + 6 = |

02.

| + | 1 | 3 | 5 |
|---|---|---|---|
| 3 | | | |
| 6 | | | |
| 9 | | | |

03.

| + | 0 | 7 | 9 |
|---|---|---|---|
| 1 | | | |
| 8 | | | |
| 5 | | | |

04.

| + | 8 | 6 | 5 |
|---|---|---|---|
| 9 | | | |
| 3 | | | |
| 7 | | | |

# 83 더해서 10이 넘는 덧셈 (연습5)

계산해서 값을 적으세요.

01. $8 + 5 =$

02. $4 + 7 =$

03. $9 + 2 =$

04. $6 + 6 =$

05. $8 + 9 =$

06. $5 + 6 =$

07. $3 + 8 =$

08. $7 + 4 =$

09. $9 + 5 =$

10. $4 + 8 =$

11. $7 + 6 =$

12. $9 + 7 =$

13. $3 + 9 =$

14. $4 + 9 =$

15. $5 + 8 =$

16. $4 + 9 =$

17. $8 + 7 =$

18. $6 + 8 =$

19. $9 + 9 =$

20. $3 + 8 =$

21. $7 + 5 =$

제일 앞의 수와 제일 위의 수를 더해서 빈칸에 적으세요.

01.

| + | 3 | 4 | 6 |
|---|---|---|---|
| 7 | 7+3= 10 | 7+4= | 7+6= |
| 5 | 5+3= | 5+4= | 5+6= |
| 1 | 1+3= | 1+4= | 1+6= |

02.

| + | 1 | 9 | 7 |
|---|---|---|---|
| 2 | | | |
| 6 | | | |
| 8 | | | |

03.

| + | 6 | 2 | 5 |
|---|---|---|---|
| 4 | | | |
| 0 | | | |
| 9 | | | |

04.

| + | 4 | 5 | 9 |
|---|---|---|---|
| 3 | | | |
| 9 | | | |
| 5 | | | |

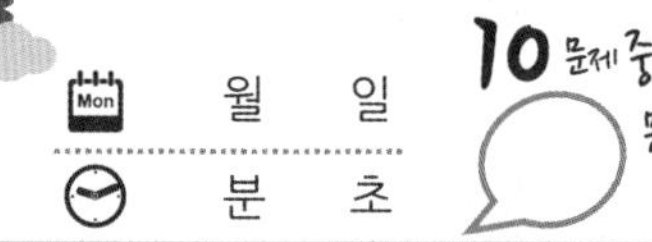


10 문제 중 문제 맞음

**문제) 사탕바구니에서 양손에 잡히는 데로 가져가기로 했습니다. 한 손에 8개를 잡았고, 다른 한 손에 7개를 잡았다면, 가져가는 사탕은 모두 몇개일까요?**

풀이) 한 손의 사탕 수 = 8개, 다른 한 손의 사탕 수 = 7개
전체 사탕수 = 한 손의 사탕 수 + 다른 한 손의 사탕 수 이므로
구하는 식은 8 + 7 이고, 값은 15입니다.
그러므로, 모두 15개를 가져 갈 수 있습니다.

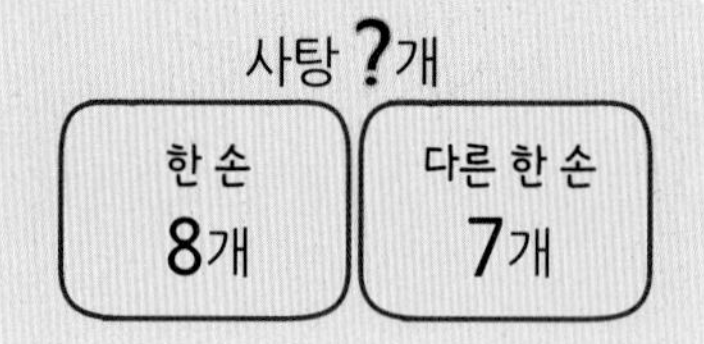


답) 15개

**아래의 문제를 풀어보세요.**

**01.** 영희는 오늘까지 동화책 6권을 읽었습니다. 일요일까지 5권을 더 읽으면 모두 몇 권을 읽게 될까요?

풀이) 오늘까지 읽은 수 = ☐ 권, 더 읽을 수 = ☐ 권
전체 읽은 권 수 = 오늘까지 읽은 수 ☐ 더 읽을 수
이므로, 식은 ☐ 이고,
모두 ☐ 권을 읽게 됩니다.

식) ________ 답) ☐ 권

**02.** 엘리베이터에 4명이 타고 있었습니다. 5층에서 8명이 더 탔다면 지금은 모두 몇 명이 타고 있을까요?

풀이) 처음 사람 수 = ☐ 명, 더 탄 사람 수 = ☐ 명
전체 사람 수 = 처음 사람 수 ☐ 더 탄 사람 수
이므로, 식은 ☐ 이고,
모두 ☐ 명이 타고 있습니다.

식) ________ 답) ☐ 명

소리내 풀기 **아래의 문제를 옆의 풀이법과 똑같이 풀어보세요.**

**03.** 꽃집에서 장미 7송이와 튜울립 7송이를 샀습니다. 꽃집에서 산 장미와 튜울립은 모두 몇 송이일까요?

(풀이 2점 답 2점)

풀이)

식) ________ 답) ☐ 송이

**04.** 강아지 집을 만들기 위해 몸통에 쓰일 나무판이 9개, 지붕에 3개가 필요합니다. 나무판은 모두 몇개가 필요할까요?

(풀이 2점 답 2점)

풀이)

식) ________ 답) ☐ 개

## 확인 (틀린 문제의 수를 적고, 약한 부분을 보충하세요.)

| 회차 | 틀린문제수 |
|---|---|
| 81 회 | 문제 |
| 82 회 | 문제 |
| 83 회 | 문제 |
| 84 회 | 문제 |
| 85 회 | 문제 |

## 생각해보기 (배운 내용이 모두 이해되었나요?)

■ 모두 이해하고 자신있다. → 다음 회로 넘어 갑니다.

■ 1~2문제 틀릴 수는 있겠지만 거의 이해한다.
→ 개념부분을 한번 더 읽고 다음 회로 넘어 갑니다.

■ 잘 모르는 것 같다.
→ 개념부분과 틀린문제를 한번 더 보고 다음 회로 넘어 갑니다.

## 오답노트 (앞에서 틀린 문제나 기억하고 싶은 문제를 적습니다.)

회 번

| 문제 | 풀이 |
|---|---|
| | |

회 번

| 문제 | 풀이 |
|---|---|
| | |

회 번

| 문제 | 풀이 |
|---|---|
| | |

회 번

| 문제 | 풀이 |
|---|---|
| | |

회 번

| 문제 | 풀이 |
|---|---|
| | |

# 86 10이 넘는 수의 뺄셈 (1)

**13 − 8 의 계산 ( 첫번째 방법 )**

13은 10과 3으로 가를 수 있습니다.

가른 10에서 8를 빼고( 2) 가르고 남은 3을 더하면 5가 됩니다.

그러므로 **13 − 8 = 5** 입니다.

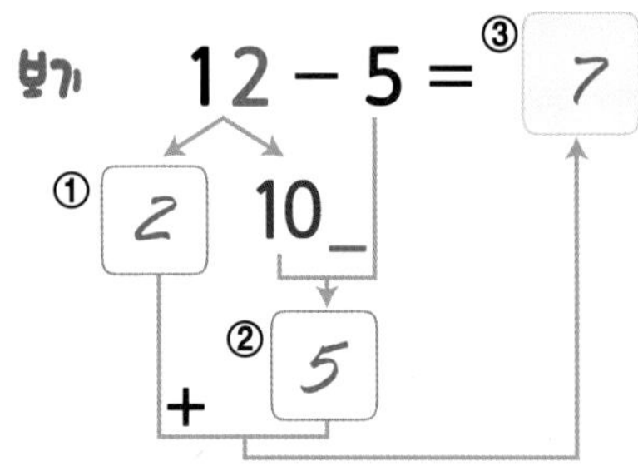


① 앞의 수의 합이 10과 일의 자리로 가릅니다. (13=10+3)

② 10에서 8를 빼면 2 입니다.

③ 뒤의 남은 수를 더해 값을 구합니다.

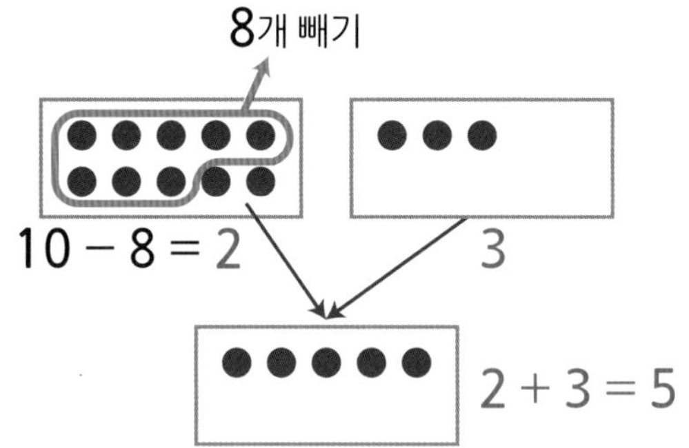


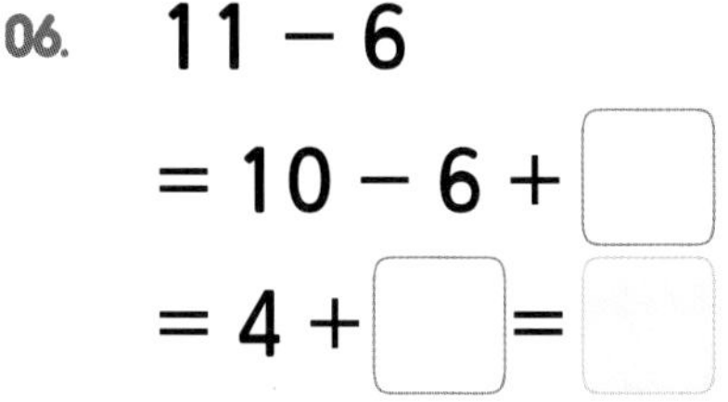


※ 10에서 빼고 남은 낱개를 합해서 계산하는 방법입니다.

보기와 같이 아래 문제의 ☐ 에 알맞은 수를 적으세요.

보기 12 − 5 = ③ 7
① 2 10_ ② 5 +

01. 13 − 9 = ③ ☐
① ☐ 10_ ② ☐ +

02. 11 − 4 = ③ ☐
① ☐ 10_ ② ☐ +

03. 16 − 8 = ☐
☐ 10_ ☐ +

04. 14 − 6 = ☐
☐ 10_ ☐ +

05. 15 − 7 = ☐
☐ 10_ ☐ +

06. 11 − 6
= 10 − 6 + ☐
= 4 + ☐ = ☐

07. 15 − 7
= 10 − 7 + ☐
= 3 + ☐ = ☐

08. 13 − 5
= 10 − 5 + ☐
= 5 + ☐ = ☐

# 10이 넘는 수의 뺄셈 (연습1)

월 일
분 초

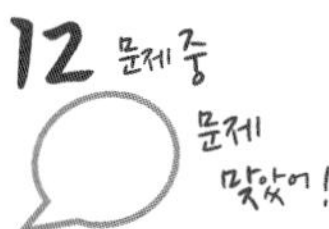


머리내풀기 앞의 수를 가르는 방법으로 아래 뺄셈의 답을 구하세요.

01. $15 - 6 = \square$
$\square$ 10_ $\square$ +

02. $14 - 8 = \square$
$\square$ 10_ $\square$ +

03. $13 - 5 = \square$
$\square$ 10_ $\square$ +

04. $18 - 9 = \square$
$\square$ 10_ $\square$ +

05. $16 - 9$
$= 10 - 9 + \square$
$= 1 + \square = \square$

06. $15 - 7$
$= 10 - 7 + \square$
$= 3 + \square = \square$

07. $17 - 8$
$= 10 - 8 + \square$
$= 2 + \square = \square$

08. $12 - 4$
$= 10 - 4 + \square$
$= 6 + \square = \square$

09. $13 - 8 = \square$

10. $15 - 9 = \square$

11. $16 - 7 = \square$

12. $14 - 6 = \square$

# 10이 넘는 수의 뺄셈 (2)

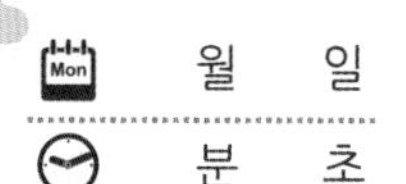

**13 − 4 의 계산 ( 두번째 방법 )**

13을 10과 3으로 가릅니다.

4는 3과 1로 가르면 10−1과 같으므로 9가 됩니다.

13 − 4
13 − 3 − 1
10 − 1
9

그러므로 **13 − 4 = 9** 입니다.

① 뒤의 수 4를 앞의 수의 일의 자리인 3과 1로 가릅니다.

② 앞의 두 수 빼서 10을 만듭니다.

③ 10에서 남은 수를 빼서 값을 구합니다.

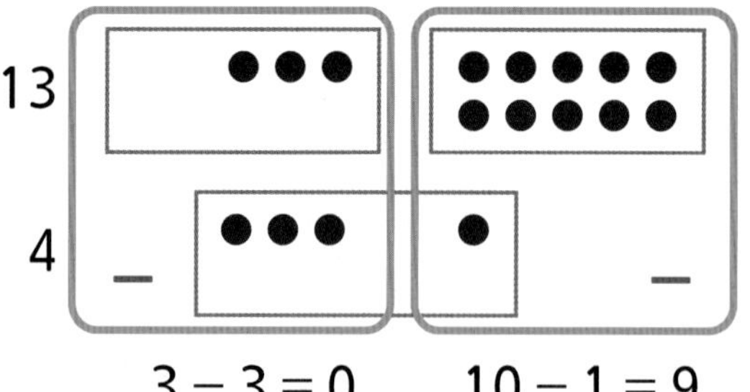


3 − 3 = 0　　10 − 1 = 9

※ 앞에 있는 수의 낱개 수만큼 먼저 빼서 10으로 만들고 남는 수를 빼는 방법입니다.

보기와 같이 아래 문제의 □에 알맞은 수를 적으세요.

보기 12 − 5 = ③[7]
① [2] [3]
② 10 − 

01. 11 − 3 = ③[ ]
① [ ] [ ]
② 10 − 

02. 14 − 6 = ③[ ]
① [ ] [ ]
② 10 − 

03. 16 − 7 = [ ]
[ ] [ ]
10 − 

04. 15 − 8 = [ ]
① [ ] [ ]
② 10 − 

05. 13 − 6 = [ ]
[ ] [ ]
10 − 

06. 18 − 9
= 18 − 8 − [ ]
= 10 − [ ] = [ ]

07. 17 − 9
= 17 − 7 − [ ]
= 10 − [ ] = [ ]

08. 14 − 7 =
= 14 − 4 − [ ]
= 10 − [ ] = [ ]

월 일
분 초
12 문제 중 문제 맞았어!

뒤의 수를 가르는 방법으로 아래 뺄셈의 답을 구하세요.

01. 15 − 6 = □
10 − □ (15 − □ = 10)

02. 14 − 8 = □
10 − □ (14 − □ = 10)

03. 13 − 5 = □
10 − □ (13 − □ = 10)

04. 16 − 7 = □
10 − □ (16 − □ = 10)

05. 16 − 9
= 16 − 6 − □
= 10 − □ = □

06. 15 − 7
= 15 − 5 − □
= 10 − □ = □

07. 17 − 8
= 17 − 7 − □
= 10 − □ = □

08. 14 − 6
= 14 − 4 − □
= 10 − □ = □

09. 15 − 8 = □

10. 17 − 9 = □

11. 16 − 8 = □

12. 11 − 4 = □

월 일 분 초

12 문제 중 문제 맞았

빼셈을 하는 두 가지 방법으로 아래를 풀어 보세요.

01. 13 − 6 =

① 10 −

② +

02. 11 − 8 =

03. 12 − 5
= 10 − 5 +
= 5 + =

04. 14 − 7 =
= 10 − 7 +
= 3 + =

05. 18 − 9 =

− 10 −

06. 16 − 8 =

07. 11 − 7
= 11 − 1 −
= 10 − =

08. 17 − 9
= 17 − 7 −
= 10 − =

내가 편한 방법으로 풀어 보아요.

09. 16 − 9 =

10. 15 − 7 =

11. 14 − 6 =

12. 17 − 8 =

## 확인 (틀린 문제의 수를 적고, 약한 부분을 보충하세요.)

| 회차 | 틀린문제수 |
|---|---|
| 86 회 | 문제 |
| 87 회 | 문제 |
| 88 회 | 문제 |
| 89 회 | 문제 |
| 90 회 | 문제 |

## 생각해보기 (배운 내용이 모두 이해되었나요?)

■ 모두 이해하고 자신있다. → 다음 회로 넘어 갑니다.

■ 1~2문제 틀릴 수는 있겠지만 거의 이해한다.
→ 개념부분을 한번 더 읽고 다음 회로 넘어 갑니다.

■ 잘 모르는 것 같다.
→ 개념부분과 틀린문제를 한번 더 보고 다음 회로 넘어 갑니다.

## 오답노트 (앞에서 틀린 문제나 기억하고 싶은 문제를 적습니다.)

| 회 번 | |
|---|---|
| 문제 | 풀이 |

| 회 번 | |
|---|---|
| 문제 | 풀이 |

| 회 번 | |
|---|---|
| 문제 | 풀이 |

| 회 번 | |
|---|---|
| 문제 | 풀이 |

| 회 번 | |
|---|---|
| 문제 | 풀이 |

# 91 10이 넘는 수의 뺄셈 (연습4)

월 일
분 초

21 문제 중 문제 맞았어요

소리내 풀기 아래 식을 계산하여 값을 적으세요.

01. 13 − 5 =

02. 15 − 9 =

03. 12 − 6 =

04. 11 − 4 =

05. 14 − 7 =

06. 17 − 8 =

07. 16 − 9 =

08. 14 − 5 =

09. 12 − 3 =

10. 11 − 6 =

11. 13 − 4 =

12. 18 − 9 =

13. 15 − 7 =

14. 16 − 8 =

15. 13 − 7 =

16. 17 − 9 =

17. 11 − 5 =

18. 14 − 6 =

19. 15 − 8 =

20. 16 − 7 =

21. 12 − 4 =

# 92 10이 넘는 수의 뺄셈 (연습5)

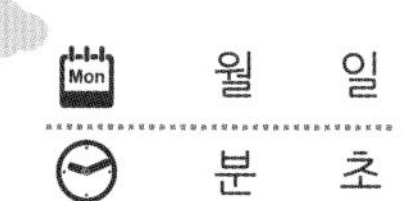


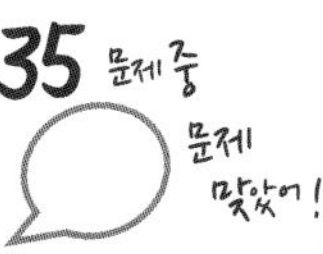

제일 앞의 수와 제일 위의 수를 빼서 빈칸에 적으세요.

01.

| − | 5 | 2 | 8 |
|---|---|---|---|
| 8 | 8 − 5 = 3 | 8 − 2 = | 8 − 8 = |
| 10 | 10 − 5 = | 10 − 2 = | 10 − 8 = |
| 18 | 18 − 5 = | 18 − 2 = | 18 − 8 = |

02.

| − | 3 | 1 | 4 |
|---|---|---|---|
| 13 | | | |
| 11 | | | |
| 15 | | | |

03.

| − | 0 | 7 | 9 |
|---|---|---|---|
| 17 | | | |
| 14 | | | |
| 11 | | | |

04.

| − | 8 | 6 | 5 |
|---|---|---|---|
| 9 | | | |
| 12 | | | |
| 13 | | | |

# 93 10이 넘는 수의 뺄셈 (연습6)

아래 식을 계산하여 값을 적으세요.

01. $13 - 6 =$

02. $11 - 2 =$

03. $15 - 7 =$

04. $12 - 5 =$

05. $17 - 8 =$

06. $14 - 6 =$

07. $16 - 9 =$

08. $14 - 7 =$

09. $18 - 9 =$

10. $12 - 6 =$

11. $15 - 8 =$

12. $13 - 4 =$

13. $17 - 9 =$

14. $11 - 3 =$

15. $12 - 7 =$

16. $14 - 9 =$

17. $11 - 4 =$

18. $13 - 5 =$

19. $15 - 6 =$

20. $16 - 8 =$

21. $13 - 9 =$

# 94 10이 넘는 수의 뺄셈 (연습7)

제일 앞의 수와 제일 위의 수를 빼서 빈 칸에 적으세요.

01.

| − | 0 | 2 | 6 |
|---|---|---|---|
| 12 | 12 − 0 = 12 | 12 − 2 = | 12 − 6 = |
| 10 | 10 − 0 = | 10 − 2 = | 10 − 6 = |
| 15 | 15 − 0 = | 15 − 2 = | 15 − 6 = |

02.

| − | 3 | 4 | 8 |
|---|---|---|---|
| 14 | | | |
| 9 | | | |
| 19 | | | |

03.

| − | 1 | 3 | 7 |
|---|---|---|---|
| 13 | | | |
| 8 | | | |
| 17 | | | |

04.

| − | 8 | 5 | 9 |
|---|---|---|---|
| 11 | | | |
| 15 | | | |
| 18 | | | |

# 95 10이 넘는 수의 뺄셈 (생각문제)

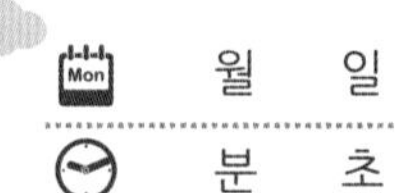

**문제) 구슬 14개를 양 손에 나누어 가졌습니다. 한 손에 5개가 있으면 다른 한 손에는 몇 개가 있을까요?**

풀이) 처음 구슬의 수 = 14개, 한 손의 구슬 수 = 5개
다른 한 손의 구슬을 구하려면
처음 구슬의 수 – 한 손의 구슬 수 이므로
구하는 식은 14 − 5 이고, 값은 9입니다.
그러므로, 다른 한 손에는 9개가 있습니다.

답) 9개

| 구슬 14개 | |
|---|---|
| 한 손 5개 | 다른 한 손 ?개 |

## 아래의 문제를 풀어보세요.

**01.** 지훈이는 사탕 16개를 가지고 있습니다. 내가 좋아하는 윤희에게 사탕 9개를 주면 몇 개가 남을까요?

풀이) 처음 사탕의 수 = ☐ 개

윤희에게 준 사탕 수 = ☐ 개

남은 사탕수 = 처음 사탕수 ☐ 윤희에게 준 사탕 수

있으므로, 사탕 ☐ 개가 남습니다.

식 ) ________ 답 ) ☐ 개

**02.** 공 15개를 민지와 지수가 나누어 가질려고 합니다. 민지가 7개를 가지면, 지수는 몇 개를 가질까요?

풀이) 처음 공의 수 = ☐ 개

민지가 가져간 공의 수 = ☐ 개

지수가 가지는 공의 수를 구하려면

처음 공의 수에서 지수가 가지는 공의 수를 빼면 되므로

식은 ☐ 이고, 값은 ☐ 입니다.

그러므로 지수는 공 ☐ 개를 가질 수 있습니다.

식 ) ________ 답 ) ☐ 개

소리내 풀기

## 아래의 문제를 옆의 풀이법과 똑같이 풀어보세요.

**03.** 아버지가 도넛 13개를 주셨습니다. 먹으려는데 하은이가 들어와 5개를 주었습니다. 이제 남은 도넛은 몇 개일까요?

(풀이 2점 답 2점)

풀이)

식 ) ________ 답 ) ☐ 개

**04.** 엘리베이터에 12명이 타고 있었습니다. 3층에서 8명이 내렸다면 지금은 몇 명이 타고 있을까요?

(풀이 2점 답 2점)

풀이)

식 ) ________ 답 ) ☐ 명

## 확인 ( 틀린 문제의 수를 적고, 약한 부분을 보충하세요. )

| 회차 | 틀린문제수 |
|---|---|
| 91 회 | 문제 |
| 92 회 | 문제 |
| 93 회 | 문제 |
| 94 회 | 문제 |
| 95 회 | 문제 |

## 생각해보기 ( 배운 내용이 모두 이해 되었나요? )

■ 모두 이해하고 자신있다. → 다음 회로 넘어 갑니다.

■ 1~2문제 틀릴 수는 있겠지만 거의 이해한다.
→ 개념부분을 한번 더 읽고 다음 회로 넘어 갑니다.

■ 잘 모르는 것 같다.
→ 개념부분과 틀린문제를 한번 더 보고 다음 회로 넘어 갑니다.

## 오답노트 ( 앞에서 틀린 문제나 기억하고 싶은 문제를 적습니다. )

| 회 번 | |
|---|---|
| 문제 | 풀이 |

| 회 번 | |
|---|---|
| 문제 | 풀이 |

| 회 번 | |
|---|---|
| 문제 | 풀이 |

| 회 번 | |
|---|---|
| 문제 | 풀이 |

| 회 번 | |
|---|---|
| 문제 | 풀이 |

# 96 모양의 규칙

**모양**이 놓여있는 **순서(차례)**를 보고 **규칙**을 찾아 말할 수 있습니다.

★모양과 ♡모양이 1개씩 번갈아 가며 놓여있는 규칙

★모양과 ♡모양이 2개씩 번갈아 가며 놓여있는 규칙

★ - ♡ - ♡ - ★

★모양이 바깥에 있고, ♡모양이 안에 있는 규칙

★모양 1개와 ♡모양 2개씩 번갈아 가며 놓여있는 규칙

모양이 놓여있는 순서를 보고 규칙을 적어보세요.

**01.** ▲ - ○ - ▲ - ○ - ▲ - ○

☐ 모양과 ○ 모양이 ☐ 개씩 번갈아있는 규칙

**02.** ▲ - ▲ - ○ - ○ - ▲ - ▲

☐ 모양과 ○ 모양이 ☐ 개씩 번갈아있는 규칙

☐ 모양 ☐ 개씩 밖에 있고,

☐ 모양 ☐ 개가 안에 있는 규칙

**03.** ▲ - ▲ - ○ - ▲ - ▲ - ○

☐ 모양 ☐ 개와

☐ 모양 ☐ 개가 번갈아있는 규칙

**04.** ▲ - ○ - ○ - ▲ - ○ - ○

☐ 모양 ☐ 개와

☐ 모양 ☐ 개가 번갈아있는 규칙

**05.** ◇ - ♠ - ◇ - ♠ - ◇ - ♠

☐ 모양과 ♠ 모양이 ☐ 개씩 차례로 있는 규칙

**06.** ◇ - ◇ - ♠ - ♠ - ◇ - ◇

☐ 모양과 ♠ 모양이 ☐ 개씩 번갈아있는 규칙

☐ 모양 ☐ 개씩 밖에 있고,

♠ 모양 ☐ 개가 안에 있는 규칙

**07.** ◇ - ♠ - ♠ - ♠ - ♠ - ◇

☐ 모양 ☐ 개가 밖에 있고

☐ 모양 ☐ 개가 안에 있는 규칙

**08.** ◇ - ◇ - ♠ - ◇ - ◇ - ♠

☐ 모양 ☐ 개와

☐ 모양 ☐ 개가 번갈아있는 규칙

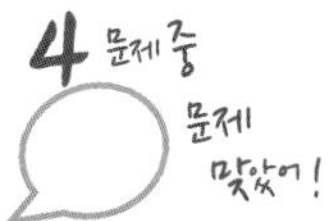

## 규칙을 수로 바꿀 수 있습니다.

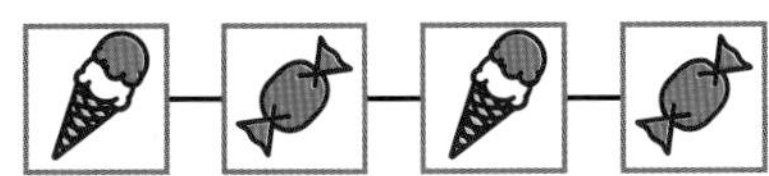

아이스크림과 사탕이 되풀이 되는 규칙입니다.

아이스크림을 ★, 사탕을 ♡라고 하면,

★♡★♡로 나타낼 수 있습니다.

아이스크림을 1, 사탕을 2라고 하면, 1212로 나타낼 수 있습니다.

개미 1마리와 돼지 2마리가 번갈아 가며 놓여있는 규칙입니다.

개미를 ★, 돼지를 ♡라고 하면,

★♡♡★♡♡로 나타낼 수 있습니다.

개미를 1, 돼지를 2라고 하면, 122122로 나타낼 수 있습니다.

## 모양이 놓여있는 순서를 보고 규칙을 적어보세요.

**01.**

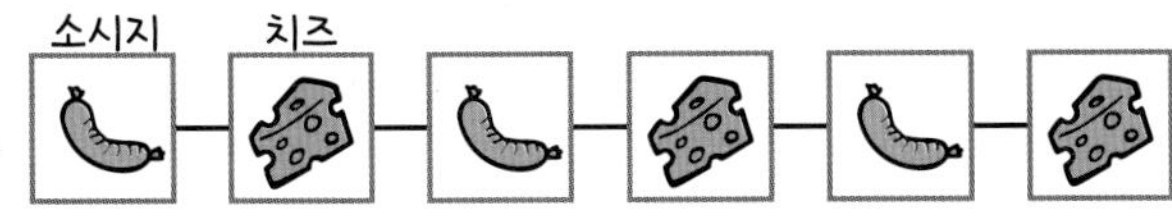


☐ 와 ☐ 가 ☐ 개씩 번갈아있는 규칙

소시지를 △, 치즈를 □라고 하면

☐☐☐☐☐☐ 로 나타낼 수 있고

소시지를 **1**, 치즈를 **2**라고 하면

☐☐☐☐☐☐ 로 나타낼 수 있습니다.

**02.**

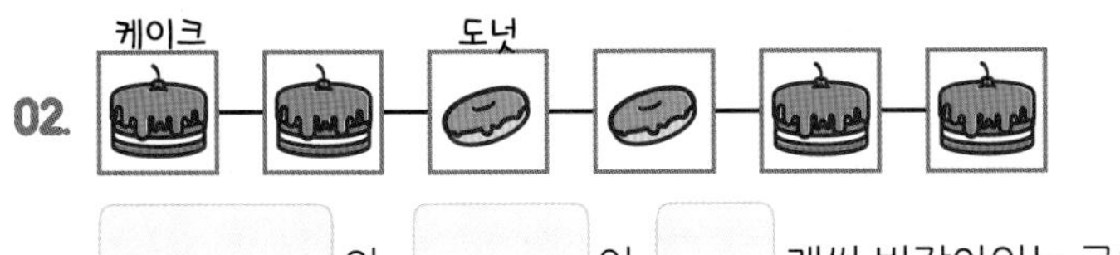


☐ 와 ☐ 이 ☐ 개씩 번갈아있는 규칙

케이크를 △, 도넛을 □라고 하면

☐☐☐☐☐☐ 로 나타낼 수 있고

케이크를 **1**, 도넛을 **2**라고 하면

☐☐☐☐☐☐ 로 나타낼 수 있습니다.

**03.**

____ 과 ____ 가 ____ 마리씩 번갈아있는 규칙

양을 ○, 여우를 X라고 하면

________________________ 로 나타낼 수 있고

양를 **1**, 여우를 **2**라고 하면

________________________ 로 나타낼 수 있습니다.

**04.**

오리 ____ 마리와 사자 ____ 마리가 번갈아있는 규칙

오리를 ○, 사자를 X라고 하면

________________________ 로 나타낼 수 있고

오리를 **1**, 사자를 **2**라고 하면

________________________ 로 나타낼 수 있습니다.

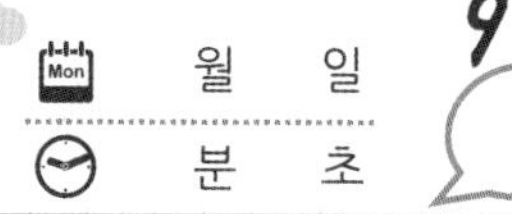


9 문제 중 문제 맞음

**무늬**에서 **규칙**을 찾아 색칠할 수 있습니다.

이 되풀이 되는 규칙입니다.

마지막에 있는 에는 오른쪽에 색을 칠해 이 들어갈 수 있습니다.

이 되풀이 되는 규칙에 따라 붙여서 색칠하면 예쁜 무늬를 만들 수 있습니다.

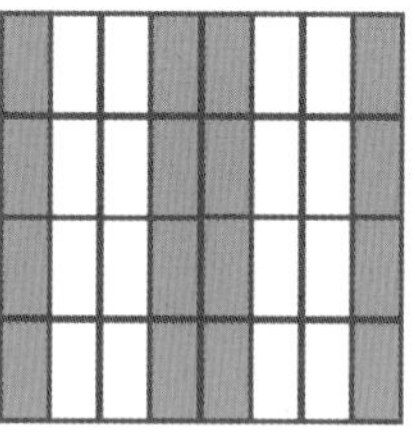

규칙을 찾아 비어있는 모양에 색칠해 보세요.

01.

02.

03.

04.

05.

06.

07.

08.

09. 자신이 규칙을 만들어 색칠해 보세요.

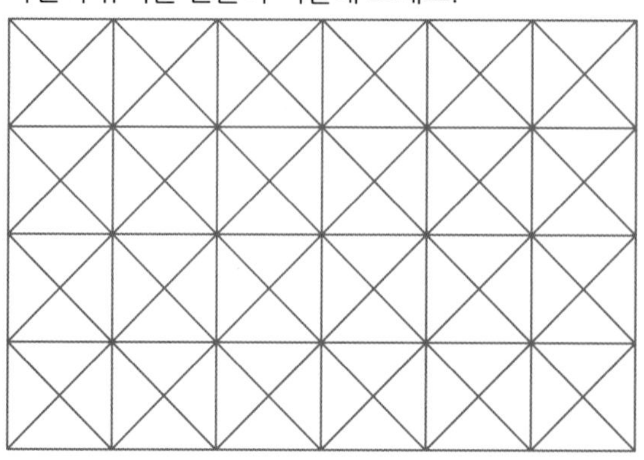

# 99 수의 규칙 (2)

**숫자**가 **커**지거나 **작아**지는 규칙을 찾아 말할 수 있습니다.

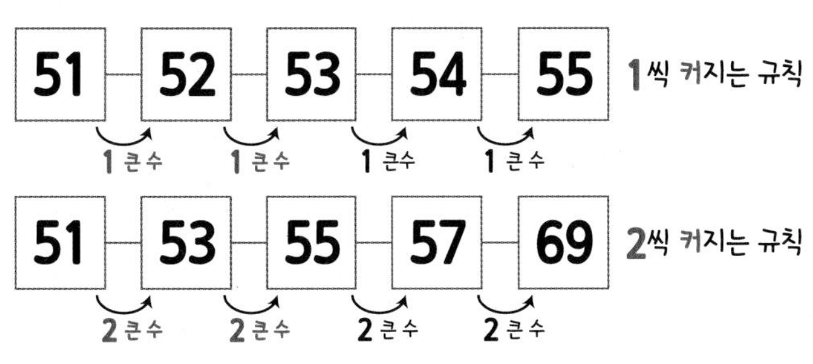


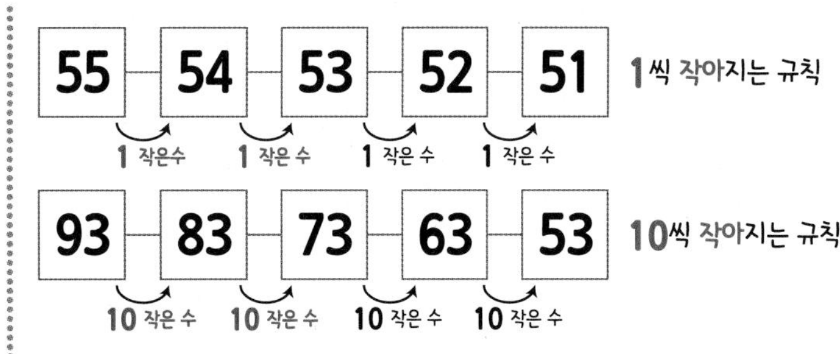

빈칸에 알맞은 수를 적고, 규칙을 적어보세요.

01. 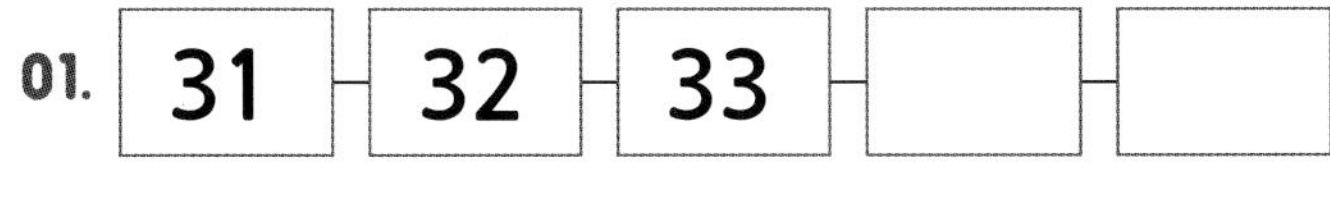
31 - 32 - 33 - ☐ - ☐

규칙 : ☐ 씩 커지는 규칙

02. 56 - 57 - 58 - ☐ - ☐

규칙 : ☐ 씩 커지는 규칙

03. 72 - 74 - 76 - ☐ - ☐

규칙 : ☐ 씩 ☐ 지는 규칙

04. 1 - 4 - ☐ - 10 - ☐

규칙 : ☐ 씩 ☐ 지는 규칙

05. 60 - 65 - ☐ - 75 - ☐

규칙 : ☐ 씩 ☐ 지는 규칙

06. ☐ - 89 - 88 - 87 - ☐

규칙 : ☐ 씩 ☐ 지는 규칙

07. 26 - 24 - 22 - ☐ - ☐

규칙 : ☐ 씩 ☐ 지는 규칙

08. 17 - 14 - 11 - ☐ - ☐

규칙 : ☐ 씩 ☐ 지는 규칙

09. 93 - 83 - ☐ - 63 - ☐

규칙 : ☐ 씩 ☐ 지는 규칙

10. 70 - 65 - ☐ - 55 - ☐

규칙 : ☐ 씩 ☐ 지는 규칙

# 100 수의 규칙 (3)

**숫자**가 **커**지거나 **작아**지는 규칙을 만들어 배열 해 봅니다.

5부터 2씩 커지는 규칙

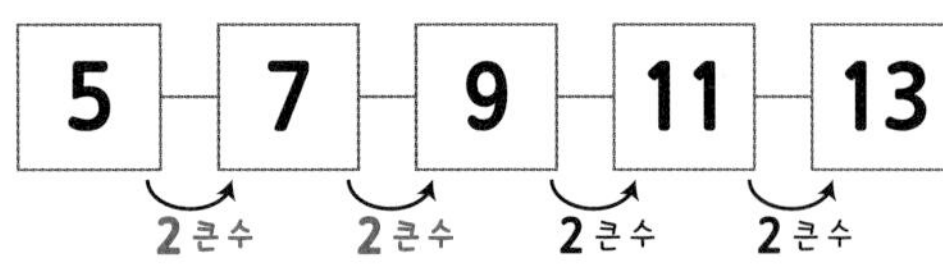


19부터 3씩 작아지는 규칙

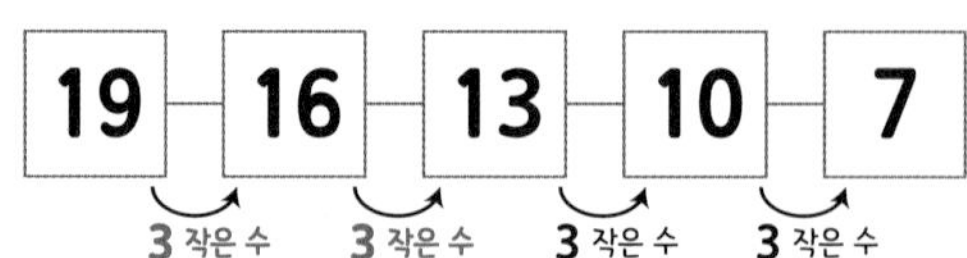

규칙에 맞는 알맞은 수를 적어보세요.

01. 규칙 : 10부터 2씩 커지는 규칙

02. 규칙 : 30부터 5씩 커지는 규칙

03. 규칙 : 6부터 3씩 커지는 규칙

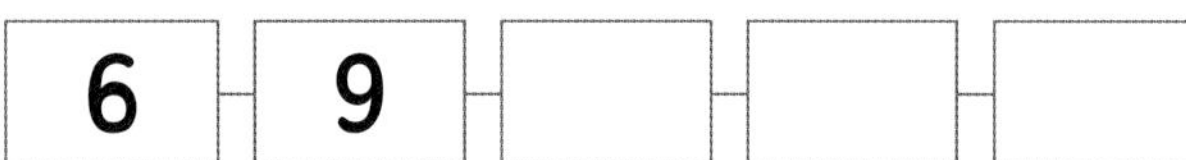


04. 규칙 : 80부터 2씩 작아지는 규칙

05. 규칙 : 20부터 2씩 작아지는 규칙

소리내 풀기 규칙을 만들어 수를 적어보세요.

06. 규칙 : ☐ 부터 ☐ 씩 ☐ 지는 규칙

☐ - ☐ - ☐ - ☐ - ☐

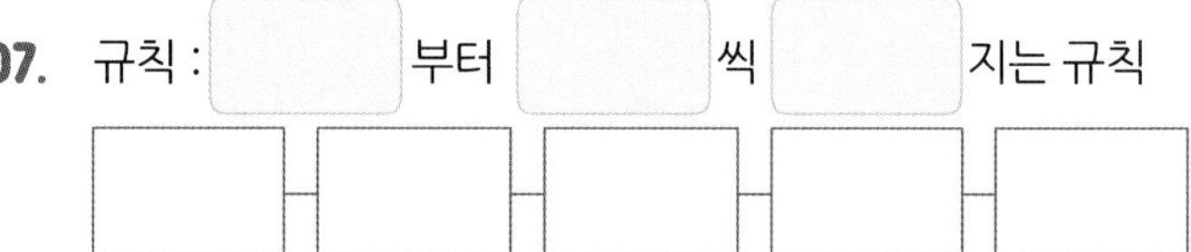

07. 규칙 : ☐ 부터 ☐ 씩 ☐ 지는 규칙

☐ - ☐ - ☐ - ☐ - ☐

08. 규칙 : ☐ 부터 ☐ 씩 ☐ 지는 규칙

☐ - ☐ - ☐ - ☐ - ☐

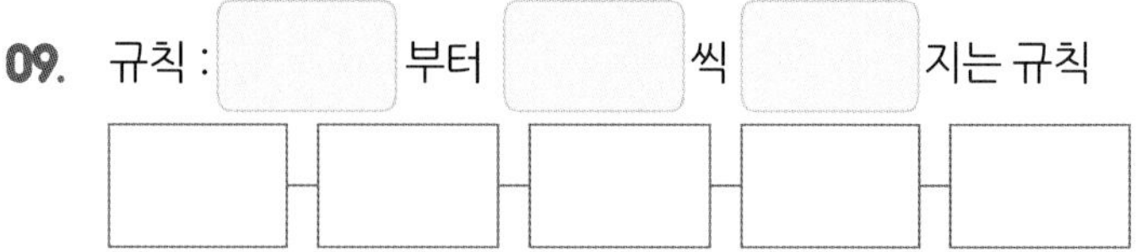

09. 규칙 : ☐ 부터 ☐ 씩 ☐ 지는 규칙

☐ - ☐ - ☐ - ☐ - ☐

10. 규칙 : ☐ 부터 ☐ 씩 ☐ 지는 규칙

☐ - ☐ - ☐ - ☐ - ☐

## 확인 (틀린 문제의 수를 적고, 약한 부분을 보충하세요.)

| 회차 | 틀린문제수 |
|---|---|
| 96 회 | 문제 |
| 97 회 | 문제 |
| 98 회 | 문제 |
| 99 회 | 문제 |
| 100 회 | 문제 |

## 생각해보기 (배운 내용이 모두 이해되었나요?)

■ 모두 이해하고 자신있다. → 다음 회로 넘어 갑니다.

■ 1~2문제 틀릴 수는 있겠지만 거의 이해한다.
→ 개념부분을 한번 더 읽고 다음 회로 넘어 갑니다.

■ 잘 모르는 것 같다.
→ 개념부분과 틀린문제를 한번 더 보고 다음 회로 넘어 갑니다.

## 오답노트 (앞에서 틀린 문제나 기억하고 싶은 문제를 적습니다.)

| 회 | 번 |
|---|---|
| 문제 | 풀이 |

| 회 | 번 |
|---|---|
| 문제 | 풀이 |

| 회 | 번 |
|---|---|
| 문제 | 풀이 |

| 회 | 번 |
|---|---|
| 문제 | 풀이 |

| 회 | 번 |
|---|---|
| 문제 | 풀이 |

공부하는 습관 !

# 하루 10분 수학

2단계 총정리

1학년 2학기 과정 8회분

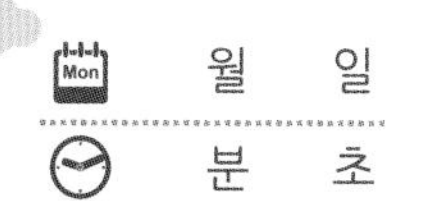


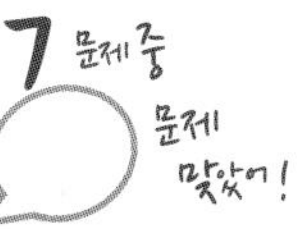

아래의 1부터 100까지 적힌 표를 보고 물음에 답하세요.

| 1 | 2 | 3 | 4 | 5 | 6 | 7 | 8 | 9 | 10 |
|---|---|---|---|---|---|---|---|---|---|
| 11 | 12 | 13 | 14 | 15 | 16 | 17 | 18 | 19 | 20 |
| 21 | 22 | 23 | 24 | 25 | 26 | 27 | 28 | 29 | 30 |
| 31 | 32 | 33 | 34 | 35 | 36 | 37 | 38 | 39 | 40 |
| 41 | 42 | 43 | 44 | 45 | 46 | 47 | 48 | 49 | 50 |
| 51 | 52 | 53 | 54 | 55 | 56 | 57 | 58 | 59 | 60 |
| 61 | 62 | 63 | 64 | 65 | 66 | 67 | 68 | 69 | 70 |
| 71 | 72 | 73 | 74 | 75 | 76 | 77 | 78 | 79 | 80 |
| 81 | 82 | 83 | 84 | 85 | 86 | 87 | 88 | 89 | 90 |
| 91 | 92 | 93 | 94 | 95 | 96 | 97 | 98 | 99 | 100 |

**01.** 위의 표에서 1의 자리가 8인 수를 적고, 위에 ○표 하세요.

**02.** 위의 표에서 10의 자리가 7인 수를 적고, 위에 △표 하세요.

**03.** 아래의 숫자를 숫자로 적고, 표에 색칠 하세요.

쉰셋, 오십삼 (　　)　　예순아홉, 육십구 (　　)

일흔다섯, 칠십오 (　　)　　여든여섯, 팔십육 (　　)

아흔일곱, 구십칠 (　　)

**04.** 아래의 숫자를 한글로 적고, 표에 색칠하세요.

52 (　　　　)　　64 (　　　　)

77 (　　　　)　　33 (　　　　)

96 (　　　　)

**05.** 아래의 물음에 해당하는 숫자를 적으세요.

10개 묶음이 5개이고, 낱개가 6인 수 (　　)

10개 묶음이 9개이고, 낱개가 5인 수 (　　)

10의 자리가 7이고, 1의 자리가 3인 수 (　　)

10의 자리가 6이고, 1의 자리가 4인 수 (　　)

**06.** 아래의 물음에 해당하는 숫자를 적으세요.

64보다 1 큰 수 (　　)　64보다 1 작은 수 (　　)

76보다 2 큰 수 (　　)　76보다 2 작은 수 (　　)

53보다 3 큰 수 (　　)　53보다 3 작은 수 (　　)

84보다 4 큰 수 (　　)　84보다 4 작은 수 (　　)

**07.** 규칙에 맞도록 빈칸에 알맞은 수를 써넣으세요.

(　) - 84 - 85 - 86 - (　)

52 - 54 - 56 - (　) - (　)

80 - 85 - (　) - 95 - (　)

(　) - (　) - 70 - 72 - 74

# 102 총정리2 (몇십몇의 덧셈)

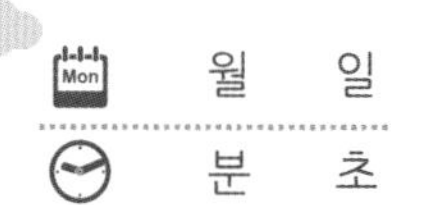

아래 문제의 값을 구해 보세요.

01. 51 + 04 =

02. 43 + 06 =

03. 02 + 43 =

04. 04 + 85 =

05. 65 + 30 =

06. 31 + 50 =

07. 70 + 18 =

08. 20 + 27 =

09. 37 + 22 =

10. 52 + 41 =

11. 23 + 35 =

12. 41 + 13 =

13. 64 + 24 =

14. 36 + 21 =

15. 15 + 34 =

16. 47 + 41 =

17. 73 + 16 =

18. 65 + 21 =

19. 81 + 18 =

20. 32 + 67 =

21. 26 + 43 =

22. 52 + 34 =

23. 33 + 25 =

24. 44 + 12 =

# 103 총정리3 (몇십몇의 뺄셈)

아래 문제를 풀어보세요.

01. 40 − 10 =

02. 50 − 30 =

03. 31 − 01 =

04. 73 − 03 =

05. 64 − 30 =

06. 86 − 80 =

07. 65 − 55 =

08. 91 − 31 =

09. 67 − 42 =

10. 72 − 31 =

11. 95 − 53 =

12. 56 − 13 =

13. 34 − 32 =

14. 86 − 21 =

15. 65 − 44 =

16. 47 − 11 =

17. 73 − 32 =

18. 65 − 13 =

19. 47 − 28 =

20. 86 − 55 =

21. 65 − 43 =

22. 79 − 14 =

23. 92 − 31 =

24. 89 − 25 =

월 일
분 초
20문제 중 문제 맞았

계산해 보세요.

01.

|   | 3 | 2 |
|---|---|---|
| + |   | 5 |
|   |   |   |

02.

|   | 2 | 0 |
|---|---|---|
| + | 4 | 6 |
|   |   |   |

03.

|   |   | 4 |
|---|---|---|
| + | 5 | 1 |
|   |   |   |

04.

|   | 4 | 8 |
|---|---|---|
| + | 3 | 0 |
|   |   |   |

05.

|   | 1 | 5 |
|---|---|---|
| + | 2 | 3 |
|   |   |   |

06.

|   | 5 | 3 |
|---|---|---|
| + | 4 | 1 |
|   |   |   |

07.

|   | 4 | 2 |
|---|---|---|
| + | 2 | 4 |
|   |   |   |

08.

|   | 3 | 6 |
|---|---|---|
| + | 5 | 2 |
|   |   |   |

09.

|   | 7 | 1 |
|---|---|---|
| + | 1 | 5 |
|   |   |   |

10.

|   | 6 | 3 |
|---|---|---|
| + | 3 | 4 |
|   |   |   |

11.

|   | 2 | 2 |
|---|---|---|
| + | 5 | 6 |
|   |   |   |

12.

|   | 1 | 3 |
|---|---|---|
| + | 6 | 5 |
|   |   |   |

13.

|   | 4 | 1 |
|---|---|---|
| + | 2 | 5 |
|   |   |   |

14.

|   | 3 | 5 |
|---|---|---|
| + | 4 | 2 |
|   |   |   |

15.

|   | 5 | 4 |
|---|---|---|
| + | 3 | 3 |
|   |   |   |

16.

|   | 1 | 2 |
|---|---|---|
| + | 4 | 3 |
|   |   |   |

17.

|   | 3 | 1 |
|---|---|---|
| + | 5 | 2 |
|   |   |   |

18.

|   | 7 | 5 |
|---|---|---|
| + | 2 | 4 |
|   |   |   |

19.

|   | 4 | 3 |
|---|---|---|
| + | 3 | 4 |
|   |   |   |

20.

|   | 6 | 2 |
|---|---|---|
| + | 1 | 7 |
|   |   |   |

# 105 총정리5 (밑으로 뺄셈)

월 일
분 초

20문제 중 문제 맞았어!

계산해 보세요.

01.

|   | 3 | 7 |
|---|---|---|
| − |   | 4 |
|   |   |   |

02.

|   | 6 | 8 |
|---|---|---|
| − |   | 6 |
|   |   |   |

03.

|   | 5 | 3 |
|---|---|---|
| − | 2 | 0 |
|   |   |   |

04.

|   | 4 | 5 |
|---|---|---|
| − | 4 | 0 |
|   |   |   |

05.

|   | 7 | 6 |
|---|---|---|
| − | 3 | 4 |
|   |   |   |

06.

|   | 5 | 5 |
|---|---|---|
| − | 2 | 1 |
|   |   |   |

07.

|   | 3 | 8 |
|---|---|---|
| − | 1 | 3 |
|   |   |   |

08.

|   | 6 | 7 |
|---|---|---|
| − | 5 | 2 |
|   |   |   |

09.

|   | 7 | 9 |
|---|---|---|
| − | 4 | 6 |
|   |   |   |

10.

|   | 4 | 4 |
|---|---|---|
| − | 3 | 4 |
|   |   |   |

11.

|   | 9 | 8 |
|---|---|---|
| − | 5 | 6 |
|   |   |   |

12.

|   | 7 | 5 |
|---|---|---|
| − | 6 | 4 |
|   |   |   |

13.

|   | 8 | 6 |
|---|---|---|
| − | 2 | 5 |
|   |   |   |

14.

|   | 5 | 7 |
|---|---|---|
| − | 4 | 3 |
|   |   |   |

15.

|   | 6 | 4 |
|---|---|---|
| − | 3 | 2 |
|   |   |   |

16.

|   | 8 | 9 |
|---|---|---|
| − | 4 | 3 |
|   |   |   |

17.

|   | 6 | 6 |
|---|---|---|
| − | 5 | 2 |
|   |   |   |

18.

|   | 7 | 5 |
|---|---|---|
| − | 2 | 4 |
|   |   |   |

19.

|   | 5 | 7 |
|---|---|---|
| − | 3 | 5 |
|   |   |   |

20.

|   | 8 | 8 |
|---|---|---|
| − | 6 | 1 |
|   |   |   |

# 106 총정리6 (수 3개의 계산)

소리내 풀기 식을 밑으로 적어서 계산하고, 값을 적으세요.

01. 5 + 12 = □ + 2 = □

5+12 의 값을 적으세요.

□+2 의 값을 적으세요.

02. 2 + 24 = □ + 3 = □

03. 26 + 3 = □ − 5 = □

04. 20 + 5 = □ − 4 = □

05. 33 − 3 = □ + 12 = □

06. 76 − 23 = □ + 34 = □

07. 46 + 41 = □ − 45 = □

08. 24 + 32 = □ − 13 = □

09. 79 − 5 = □ − 32 = □

10. 58 − 23 = □ − 23 = □

11. 85 − 31 = □ − 53 = □

12. 67 − 12 = □ − 25 = □

# 107 총정리7 (10이 넘는 덧셈)

월 일 / 분 초

35 문제 중 문제 맞았어!

제일 앞의 수와 제일 위의 수를 더해서 빈칸에 적으세요.

01.

| + | 9 | 7 | 3 |
|---|---|---|---|
| 7 | 7+9= 16 | 7+7= | 7+3= |
| 9 | 9+9= | 9+7= | 9+3= |
| 6 | 6+9= | 6+7= | 6+3= |

02.

| + | 5 | 8 | 6 |
|---|---|---|---|
| 5 | | | |
| 6 | | | |
| 8 | | | |

03.

| + | 6 | 4 | 8 |
|---|---|---|---|
| 9 | | | |
| 7 | | | |
| 4 | | | |

04.

| + | 7 | 5 | 9 |
|---|---|---|---|
| 6 | | | |
| 9 | | | |
| 5 | | | |

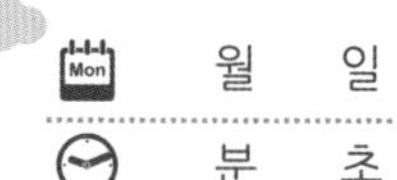

제일 앞의 수와 제일 위의 수를 빼서 빈칸에 적으세요.

01.

| − | 4 | 6 | 9 |
|---|---|---|---|
| 12 | 12 − 4 = 8 | 12 − 6 = | 12 − 9 = |
| 10 | 10 − 4 = | 10 − 6 = | 10 − 9 = |
| 15 | 15 − 4 = | 15 − 6 = | 15 − 9 = |

02.

| − | 5 | 7 | 3 |
|---|---|---|---|
| 14 | | | |
| 9 | | | |
| 19 | | | |

03.

| − | 9 | 5 | 2 |
|---|---|---|---|
| 13 | | | |
| 9 | | | |
| 17 | | | |

04.

| − | 7 | 4 | 9 |
|---|---|---|---|
| 11 | | | |
| 15 | | | |
| 18 | | | |

공부하는 습관 !

# 하루 10분 수학

가능한 학생이 직접 채점합니다.

틀린문제는 다시 풀고 확인하도록 합니다.

문의 : WWW.OBOOK.KR (고객센타 : 031-447-5009)

## 2단계 정답지

1학년 2학기 과정

## 01회(12p)

01

| 51 | 52 | 53 | 54 | **55** | 56 | 57 | 58 | 59 | 60 |
|---|---|---|---|---|---|---|---|---|---|
| 61 | 62 | 63 | 64 | **65** | 66 | 67 | 68 | 69 | 70 |
| 71 | 72 | 73 | 74 | **75** | 76 | 77 | 78 | 79 | 80 |
| 81 | 82 | 83 | 84 | **85** | 86 | 87 | 88 | 89 | 90 |
| 91 | 92 | 93 | 94 | **95** | 96 | 97 | 98 | 99 | 00 |

02 86　03 두　04 100

수를 쓰면서 자연스럽게 위치를 생각하게 합니다.

## 02회(13p)

01 5,2　02 6,9　03 7,5　04 8,7　05 9,4
06 9,9　07 10,0　08 58　09 61　10 73
11 79　12 80　13 95　14 100

## 03회(14p)

01 5,2,5,2　02 6,7,6,7　03 7,4,7,4　04 7,7,7,7
05 0,3,0,3　06 3,0,3,0　07 8,3,8,3　08 9,9,9,9

## 04회(15p)

01

| **1** | 2 | 3 | 4 | 5 | 6 | 7 | 8 | 9 | 10 |
|---|---|---|---|---|---|---|---|---|---|
| 11 | **12** | 13 | 14 | 15 | 16 | 17 | 18 | 19 | 20 |
| 21 | 22 | **23** | 24 | 25 | 26 | 27 | 28 | 29 | 30 |
| 31 | 32 | 33 | **34** | 35 | 36 | 37 | 38 | 39 | 40 |
| 41 | 42 | 43 | 44 | **45** | 46 | 47 | 48 | 49 | 50 |
| 51 | 52 | 53 | 54 | 55 | **56** | 57 | 58 | 59 | 60 |
| 61 | 62 | 63 | 64 | 65 | 66 | **67** | 68 | 69 | 70 |
| 71 | 72 | 73 | 74 | 75 | 76 | 77 | **78** | 79 | 80 |
| 81 | 82 | 83 | 84 | 85 | 86 | 87 | 88 | **89** | 90 |
| 91 | 92 | 93 | 94 | 95 | 96 | 97 | 98 | 99 | **100** |

02 1　03 10

## 05회(16p)

01 64,65　02 79,80　03 58,60　04 42,62　05 20,30
06 98,100　07 55,54　08 70,66　09 70,68
10 73,53　11 60,50　12 80,78

## 06회(18p)

01 59　02 87　03 95　04 57　05 99　06 66　07 72
08 86　09 71　10 94　11 75　12 88　13 88　14 72
15 67　16 81　17 90　18 77　19 64　20 80

## 07회(19p)

01 57,51　02 60,41　03 81,73　04 82,69　05 54,42
06 99,77　07 61,21　08 91,71　09 92,85　10 77,61
11 70,49

## 08회(20p)

01
02

| 1 | 2 | 3 | 4 | 5 | 6 | 7 | 8 | 9 | **10** |
|---|---|---|---|---|---|---|---|---|---|
| 11 | 12 | 13 | 14 | 15 | 16 | 17 | 18 | 19 | **20** |
| 21 | 22 | 23 | 24 | 25 | 26 | 27 | 28 | 29 | **30** |
| 31 | 32 | 33 | 34 | 35 | 36 | 37 | 38 | 39 | **40** |
| 41 | 42 | 43 | 44 | 45 | 46 | 47 | 48 | 49 | **50** |
| 51 | 52 | 53 | 54 | 55 | 56 | 57 | 58 | 59 | **60** |
| 61 | 62 | 63 | 64 | 65 | 66 | 67 | 68 | 69 | **70** |
| 71 | 72 | 73 | 74 | 75 | 76 | 77 | 78 | 79 | **80** |
| 81 | 82 | 83 | 84 | 85 | 86 | 87 | 88 | 89 | **90** |
| 91 | 92 | 93 | 94 | 95 | 96 | 97 | 98 | 99 | **00** |

03 54,65,76,87,98　04 (오십일,쉰하나), (육십이,예순둘), (칠십삼,일흔셋), (팔십사,여든넷), (구십오,아흔다섯)
05 63,74,86,98
06 (93,91), (87,83), (76,70), (70,62)
07 (63,67), (78,80), (90,100), (86,88)

## 09회(21p)

01 52, 63, 74, 94, 63, 55, 82, 71

02 (오십삼,쉰셋), (육십사,예순넷), (칠십오,일흔다섯), (팔십육,여든여섯), (구십칠, 아흔일곱)

03 92, 83, 74, 65

04 (61,59) (76,70) (90,80) (100,95)

05 (57,52) (71,52) (72,69) (76,56)

06 (49,53) (68,70) (80,90) (78,80),(92,100)

## 10회(22p)

01 7□, 78,79,80, 80,8, 78,79 답) 78,79

02 86,87,88, 87, 86,86 답) 86

03 9,9□, 93,1, 92,91,90,89, 89,8, 92,91,90 답) 90,91,92 (92,91,90)

04 풀이) 53보다 1 큰 수를 차례로 적으면 54,55,56...입니다. 이 중에서 56보다 작은 수는 54,55이므로 구하는 값은 54, 55입니다. 답) 54,55

생각문제의 풀이법은 일반적인 풀이법입니다.
더 좋은 풀이법이 있으면 그렇게 풀어보세요.

## 11회(24p)

01 35 02 47 03 56 04 63 05 78 06 89 07 92
08 43 09 66 10 39 11 22 12 96 13 54 14 70
15 4 16 6 17 5 18 3 19 7 20 2 21 0

## 12회(25p)

01 37 02 67 03 59 04 65 05 93 06 75 07 86
08 78 09 44 10 59 11 85 12 68 13 39 14 93
15 6 16 2 17 7 18 4 19 3 20 3 21 1

## 13회(26p)

01 56 02 98 03 74 04 75 05 77 06 91 07 99
08 77 09 81 10 94 11 35 12 48 13 66 14 45
15 3 16 2 17 2 18 4 19 1 20 7 21 0

## 14회(27p)

01 75 02 66 03 65 04 98 05 87 06 88
07 93 08 79 09 96 10 87 11 58 12 99
13 74 14 79 15 97 16 95 17 88 18 87

## 15회(28p)

01 0,5 02 1,4 03 2,5 04 3,3 05 4,7 06 4,9
07 75 08 88 09 78 10 86 11 89 12 68 13 87
14 64 15 78 16 84 17 75 18 99 19 87 20 87

## 16회(30p)

01 52 02 46 03 89 04 95
05 98 06 99 07 83 08 96 09 79
10 73 11 87 12 85 13 76 14 69

## 17회(31p)

01 77 02 33 03 77 04 29
05 79 06 86 07 94 08 96 09 98
10 96 11 99 12 67 13 86 14 54

## 18회(32p)

01 74,86 02 44,68 03 47,59 04 53,67 05 73,99
06 35,40 07 54,75 08 63,97 09 57,69

## 19회(33p)

01 42 02 36 03 36 04 49 05 95 06 41 07 87 08 47
09 59 10 93 11 78 12 44 13 56 14 87 15 69 16 88
17 63 18 75 19 79 20 83 21 59 22 96 23 85 24 99

## 20회(34p)

01 32, 27, 32+27, 59 식) 32+27 답) 59
02 42, 12, 42+12, 54 식) 42+12 답) 54
03 39, 40, 39+40, 79 식) 39+40 답) 79
04 풀이) 우리집 쿠폰 수 = 21장, 친구집 쿠폰 수 = 16장
전체 쿠폰의 수 = 두집 쿠폰의 합 (우리집쿠폰+친구집쿠폰) 이므로
식은 21+16이고, 답은 37장 입니다.
식) 21+16 답) 37장

## 21회(36p)

01 50 02 60 03 70 04 80 05 80 06 90 07 90
08 50 09 60 10 70 11 80 12 90 13 60 14 50
15 4 16 6 17 5 18 83 19 97 20 72 21 68

## 22회(37p)

01 63 02 73 03 83 04 63 05 96 06 51 07 72
08 82 09 73 10 43 11 53 12 71 13 91 14 45
15 2 16 4 17 4 18 86 19 98 20 78 21 68

## 23회(38p)

01 44 02 33 03 51 04 72 05 25 06 1 07 13
08 12 09 21 10 35 11 53 12 34 13 21 14 32
15 40 16 50 17 50 18 53 19 97 20 92 21 68

## 24회(39)

01 13 02 33 03 15 04 31 05 41 06 33
07 50 08 55 09 7 10 6 11 30 12 7
13 32 14 31 15 30 16 75 17 46 18 21

## 25회(40p)

01 0,6 02 0,4 03 5,1 04 4,0 05 2,2 06 2,6
07 20 08 8 09 70 10 46 11 55 12 17 13 60
14 34 15 61 16 37 17 10 18 71 19 71 20 73

## 26회(42p)

01 12 02 60 03 10 04 4
05 74 06 92 07 34 08 26 09 64
10 10 11 43 12 31 13 54 14 62

## 27회(43p)

01 13 02 33 03 32 04 20
05 34 06 62 07 30 08 1 09 72
10 53 11 50 12 23 13 62 14 22

## 28회(44p)

01 32,20 02 56,32 03 44,32 04 46,32 05 86,60
06 66,61 07 31,10 08 34,0 09 65,53

## 29회(45p)

01 40 02 40 03 40 04 30 05 44 06 6 07 30 08 50
09 25 10 11 11 32 12 73 13 72 14 25 15 31 16 46
17 72 18 54 19 51 20 32 21 33 22 34 23 61 24 84

## 30회(46p)

01 59, 23, 59−23, 36 식) 59−23 답) 36

02 68, −, 68−13, 55 식) 68−13 답) 55

03 64, 21, 64−21, 43 식) 64−21 답) 43

04 풀이) 76,36,43,12 중 가장 큰 수 = 76, 가장 작은 수 = 12이므로 식은 76−12이고 답은 64입니다. 식) 76−12 답) 64

## 31회(47p)

01 56 02 64 03 73 04 81 05 92 06 58

07 67 08 75 09 89

04 80 + 1 05 90 + 2 06 50 + 8

07 60 + 7 08 70 + 5 09 80 + 9

## 32회(48p)

01 57 02 69 03 28 04 87 05 97 06 57

07 69 08 75 09 87

04 81 + 6 05 92 + 5 06 55 + 2

07 67 + 2 08 71 + 4 09 84 + 3

## 33회(49p)

01 84 02 83 03 91 04 91 05 72 06 95

07 57 08 61 09 74

04 81 + 10 05 42 + 30 06 55 + 40

07 20 + 37 08 40 + 21 09 30 + 44

## 34회(50p)

01 76 02 74 03 76 04 76 05 78 06 87

07 88 08 68 09 96

04 12 + 64 05 32 + 46 06 65 + 22

07 53 + 35 08 27 + 41 09 32 + 64

## 35회(51p)

01 33 02 96 03 61 04 87 05 87

06 58 07 96 08 58 09 88 10 77

11 78 12 98 13 59 14 74 15 66

01 13 + 20 02 41 + 55 03 25 + 36 04 12 + 75 05 44 + 43

06 26 + 32 07 32 + 64 08 11 + 47 09 27 + 61 10 45 + 32

11 37 + 41 12 25 + 73 13 31 + 28 14 55 + 19 15 42 + 24

## 36회(52p)

01 39 02 67 03 57 04 72 05 38

06 95 07 65 08 87 09 87 10 98

11 77 12 77 13 67 14 78 15 86

16 58 17 88 18 95 19 78 20 99

## 37회(55p)

01 2, 5 02 5, 2 03 5, 5 04 4, 7

05 3, 3 06 3, 4 07 2, 5 08 0, 9

09 5, 3 10 1, 4 11 2, 8 12 6, 7

## 38회(56p)

01 51, 95, 62 84
02 75, 75, 83 67
03 68, 78, 59 87
04 67, 56, 86 37
05 95, 28, 89 34
06 27, 97, 98 26

## 39회(57p)

01 42 02 36 03 36 04 49 05 95 06 41 07 87 08 47
09 59 10 93 11 78 12 44 13 56 14 87 15 69 16 88
17 99 18 96 19 79 20 89 21 59 22 96 23 85 24 99

## 40회(58p)

01 72, 24, 72+24, 96 식) 72+24 답) 96
02 32, 13, +, 32+13, 45 식) 32+13 답) 45
03 63, 13, 63+13, 76 식) 63+13 답) 76
04 풀이) 2,4,7로 만들 수 있는 가장 큰 수 = 74,
가장 작은 수 = 24이므로 식은 74+24이고
답은 98입니다. 식) 74+24 답) 98

2,4,7 중 제일 큰 수를 십의 자리, 그 다음 큰 수를 일의 자리에 적으면 제일 큰 몇십몇인 수가 되고,
제일 작은 수를 십의 자리, 그 다음 작은 수를 일의 자리에 적으면 제일 작은 몇십몇인 수가 됩니다.

## 41회(60p)

01 50 02 60 03 70 04 80 05 90 06 50
07 60 08 70 09 80

04 81 − 1 05 92 − 2 06 58 − 8
07 67 − 7 08 75 − 5 09 89 − 9

## 42회(61p)

01 52 02 63 03 71 04 81 05 91 06 53
07 64 08 72 09 81

04 86 − 5 05 95 − 4 06 59 − 6
07 67 − 3 08 74 − 2 09 88 − 7

## 43회(62p)

01 24 02 43 03 51 04 71 05 32 06 15
07 47 08 61 09 54

04 81 − 10 05 62 − 30 06 55 − 40
07 77 − 30 08 81 − 20 09 94 − 40

## 44회(63p)

01 24 02 41 03 42 04 52 05 31 06 62
07 62 08 36 09 74

04 64 − 12 05 76 − 45 06 99 − 37
07 85 − 23 08 77 − 41 09 96 − 22

## 45회(64p)

01 9 02 7 03 70 04 90 05 53
06 50 07 42 08 12 09 33 10 36
11 44 12 25 13 41 14 73 15 57

01 59 − 50 02 67 − 60 03 78 − 8 04 92 − 2 05 56 − 3
06 71 − 21 07 86 − 44 08 59 − 47 09 95 − 62 10 67 − 31
11 85 − 41 12 98 − 73 13 66 − 25 14 87 − 14 15 79 − 22

## 46회(66p)

01 36 02 60 03 22 04 3 05 50
06 13 07 64 08 17 09 62 10 13
11 28 12 33 13 64 14 21 15 16
16 42 17 15 18 50 19 23 20 25

## 47회(67p)

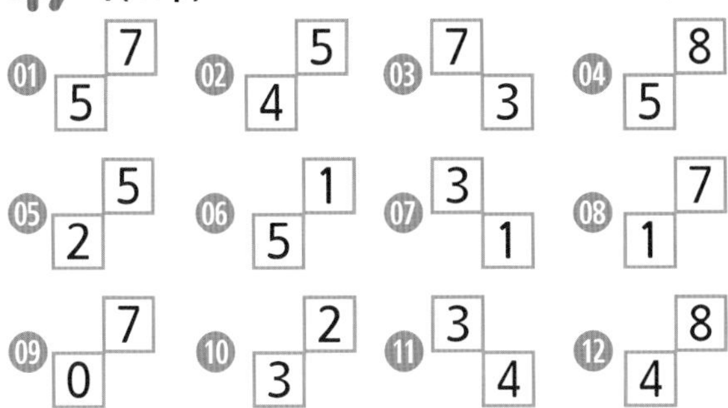


## 48회(68p)

01 23 / 24 / 11 12
02 42 / 23 / 31 12
03 23 / 3 / 31 11
04 73 / 13 / 65 5
05 32 / 21 / 44 33
06 74 / 83 / 2 11

## 49회(69p)

01 30 02 50 03 50 04 60 05 67 06 26 07 20 08 40
09 4 10 8 11 53 12 51 13 42 14 32 15 52 16 31
17 62 18 34 19 71 20 32 21 13 22 4 23 31 24 63

## 50회(70p)

01 95, 98, 98−95, 3 식) 98−95 답) 3
02 45, 13, 45−13, 32 식) 45−13 답) 32
03 53, 23, 53−23, 30 식) 53−23 답) 30
04 풀이) 1,5,9로 만들 수 있는 가장 큰 수 = 95, 가장 작은 수 = 15이므로 식은 95−15이고 답은 80입니다. 식) 95−15 답) 80

## 51회(72p)

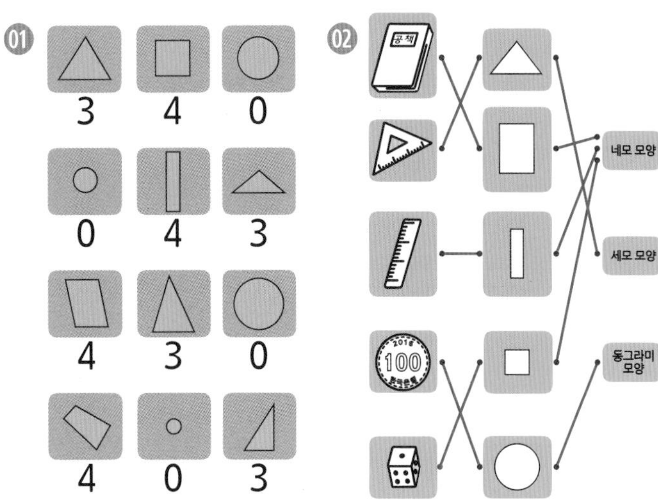


## 52회(73p)

01 5, 1, 3 02 1, 3, 1 03 2, 2, 3

04~06 그림은 자신이 생각한 대로 그리면 됩니다. 재미있죠?

## 53회(74p)

01 4 02 6 03 8 04 10 05 12 06 11
07 2 08 3 09 4 10 6 11 8 12 10

## 54회(75p)

01 3,30 02 5,30 03 7,30 04 9,30 05 1,30 06 10,30
07 9 08 7 09 5 10 8,30 11 4,30 12 12,30

## 55회(77p)

## 56회(78p)

01 10,4　02 17,15,17,2　03 22,20,22,2

04 29,23,23,6　05 42,42,15　06 37,16,37,16

07 18,18　08 23,27,4,27　09 32,35,3,35

10 44,46,44,46　11 43,59,16,59　12 52,77,52,77

## 57회(79p)

01 26− 6 =20, 26−20= 6

02 15− 2 =13, 15−13= 2

03 29− 3 =26, 29−26= 3

04 27−15=12, 27−12=15

05 68−27=41, 68−41=27

06 77−21=56, 77−56=21

07 12+ 4 =16, 4 +12=16

08 31+12=43, 12+31=43

09 21+ 3 =24, 3 +21=24

10 20+14=34, 14+20=34

11 22+24=46, 24+22=46

12 12+23=35, 23+12=35

13 60+39=99, 39+60=99

순서는 바뀌어도 됩니다.

## 58회(80p)

01 10,30, 10,30, 30,10, 30,10

02 23,33, 23,33, 33,23, 33,23

03 30,43, 30,43, 43,30, 43,30

04 33,12, 12,33, 12,33, 33,12

05 30+17=47, 17+30=47, 47−17=30, 47−30=17

06 21+35=56, 35+21=56, 56−21=35, 56−35=21

07 42+37=79, 37+42=79, 79−37=42, 79−42=37

08 42+44=86, 44+42=86, 86−44=42, 86−42=44

01~04 순서가 바뀌면 안됩니다.

05~08 순서가 바뀌어도 됩니다 .

## 59회(81p)

01 50,30　02 85,40　03 69,37

04 68,12　05 86,63　06 77,25

## 60회(82p)

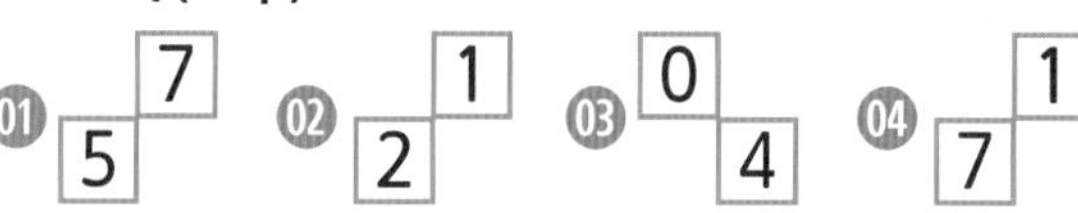

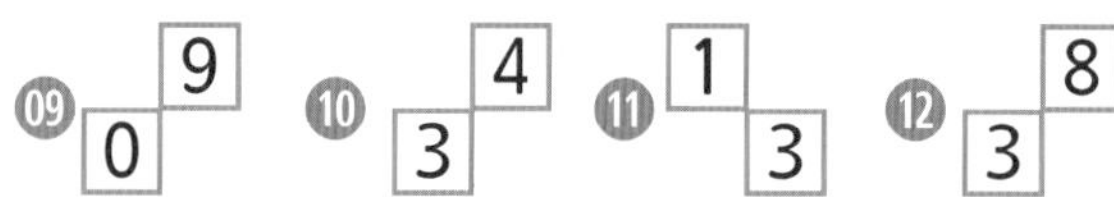


## 61회(84p)

01 3,4,4　02 6,8,8　03 8,9,9　04 4,8,8　05 6,9,9

06 7,9,9　07 7,8,8　08 6,9,9　09 5,8,8　10 5,7,7

11 5,8,8　12 8,8,8　13 8,9,9　14 5,9,9

## 62회(85p)

01 3,2,2　02 7,2,2　03 9,6,6　04 7,3,3　05 5,3,3

06 6,5,5　07 9,3,3　08 4,2,2　09 8,4,4　10 6,3,3

11 9,5,5　12 8,3,3　13 9,2,2　14 8,2,2

## 63회(86p)

01 1,6,6 02 3,9,9 03 2,6,6 04 1,2,2 05 3,7,7
06 1,3,3 07 5,8,8 08 1,2,2 09 0,5,5 10 3,6,6
11 4,8,8 12 4,9,9 13 2,5,5 14 6,8,8

## 64회(87p)

01 8,3,3 02 5,4,4 03 6,2,2 04 4,2,2 05 8,5,5
06 4,0,0 07 5,4,4 08 4,1,1 09 3,1,1 10 4,0,0
11 3,1,1 12 4,0,0 13 7,4,4 14 2,1,1

## 65회(88p)

01 7 02 9 03 10 04 0 05 4 06 4
07 9 08 3 09 6 10 7 11 9 12 7
13 0 14 0 15 4 16 1 17 1 18 1

## 66회(89p)

01 16 02 29 03 45 04 54 05 75
06 48 07 57 08 5 09 50 10 55
11 72 12 51 13 21 14 42 15 20

## 67회(90p)

01 14,17 02 29,31 03 29,24 04 28,24
05 32,53 06 34,68 07 79,34 08 57,44
09 79,52 10 44,0 11 54,1 12 45,20

## 68회(92p)

01 14,37 02 49,80 03 45,59 04 85,98
05 87,84 06 26,14 07 33,56 08 13,58
09 81,50 10 33,10 11 55,43 12 55,69

## 69회(93p)

01 74,97 02 54,94 03 46,20
04 43,30 05 33,59 06 44,49
07 85,64 08 35,31 09 61,49

## 70회(94p)

01 15,3,12,15+3+12,30 식) 15+3+12 답) 30
02 26,4,13,−,26−4+13,35 식) 26−4+13 답) 35
03 24,12,1,24+12+1,37 식) 24+12+1 답) 37
04 풀이) 처음 색종이 수 = 37장, 학 만든 수 = 13장, 비행기 만든 수 = 4장, 남은 색종이 수 = 처음 수 − 학 만든수 − 비행기 만든수 이므로 식은 37−13−4이고, 답은 20장 입니다.
식) 37−13−4 답) 20

## 71회(96p)

01 9 02 2 03 7 04 6
05 5 06 4 07 7 08 8
09 1 10 6 11 8 12 5

## 72회(97p)

01 10 02 5 03 10 04 9
05 8 06 10 07 4 08 8
09 10 10 6 11 8 12 10

## 73회(98p)

01 1+9=10 02 2+8=10 03 3+7=10
04 4+6=10 05 5+5=10 06 6+4=10
07 7+3=10 08 8+2=10 09 9+1=10

01~14 순서가 바뀌어도 됩니다.

10 1과9(9와1) 11 2와8(8과2) 12 3과7(7과3)

⑬ 4와6(6과4) ⑭ 5와5

⑮ 9 ⑯ 8 ⑰ 7

⑱ 6 ⑲ 5 ⑳ 4 ㉑ 3 ㉒ 2

㉓ 1 ㉔ 8 ㉕ 6 ㉖ 3

## 74회(99p)

① 10−1=9 ② 10−2=8 ③ 10−3=7

④ 10−4=6 ⑤ 10−5=5 ⑥ 10−6=4

⑦ 10−7=3 ⑧ 10−8=2 ⑨ 10−9=1

⑩ 1과9(9와1 ⑪ 2와8(8과2) ⑫ 3과7(7과3)

⑬ 4와6(6과4) ⑭ 5와5

①~⑭ 순서가 바뀌어도 됩니다.

⑮ 1 ⑯ 2 ⑰ 3

⑱ 4 ⑲ 5 ⑳ 6 ㉑ 7 ㉒ 8

㉓ 9 ㉔ 10 ㉕ 10 ㉖ 10

## 75회(100p)

① 9,10 ② 7,10 ③ 6,10 ④ 8,10 ⑤ 10,10

⑥ 10,8 ⑦ 10,5 ⑧ 2,6 ⑨ 6,7 ⑩ 8,2

⑪ 10,4 ⑫ 5,10 ⑬ 8,7 ⑭ 9,10 ⑮ 2,8

## 76회(102p)

① 10,15 ② 10,13 ③ 10,16 ④ 10,17

⑤ 10,17 ⑥ 10,18 ⑦ 10,14 ⑧ 10,16

⑨ 10,16 ⑩ 10,18 ⑪ 10,15 ⑫ 10,12

## 77회(103p)

① 3,1,11 ② 2,1,11

③ 1,5,15 ④ 3,1,11 ⑤ 4,1,11

⑥ 3,2,12 ⑦ 1,5,15 ⑧ 2,1,11

## 78회(104p)

① 3,3,13 ② 1,2,12 ③ 2,2,12 ④ 4,1,11

⑤ 1,5,15 ⑥ 3,2,12 ⑦ 2,5,15 ⑧ 4,4,14

⑨ 11 (=8+2+1) ⑩ 14 (=9+1+4)

⑪ 12 (=6+4+2) ⑫ 11 (=7+3+1)

## 79회(105p)

① 1,2,11 ② 0,4,10

③ 3,3,13 ④ 1,4,11 ⑤ 2,1,12

⑥ 2,10,14 ⑦ 3,10,12 ⑧ 1,10,17

## 80회(106p)

① 1,4,11 ② 2,2,12 ③ 5,1,15 ④ 4,3,14

⑤ 1,10,14 ⑥ 2,10,15 ⑦ 4,10,14 ⑧ 3,10,16

⑨ 13 (3+2+8=3+10) ⑩ 18 (8+1+9=8+10)

⑪ 12 (2+3+7=2+10) ⑫ 10 (0+4+6=0+10)

## 81회(108p)

① 12 ② 13 ③ 12 ④ 11 ⑤ 15 ⑥ 11 ⑦ 14

⑧ 14 ⑨ 13 ⑩ 12 ⑪ 17 ⑫ 13 ⑬ 13 ⑭ 16

⑮ 14 ⑯ 11 ⑰ 18 ⑱ 14 ⑲ 12 ⑳ 16 ㉑ 15

## 82회(109p)

①

| + | 2 | 4 | 6 |
|---|---|---|---|
| 4 | 6 | 8 | 10 |
| 2 | 4 | 6 | 8 |
| 6 | 8 | 10 | 12 |

②

| + | 1 | 3 | 5 |
|---|---|---|---|
| 3 | 4 | 6 | 8 |
| 6 | 7 | 9 | 11 |
| 9 | 10 | 12 | 14 |

③

| + | 0 | 7 | 9 |
|---|---|---|---|
| 1 | 1 | 8 | 10 |
| 8 | 8 | 15 | 17 |
| 5 | 5 | 12 | 14 |

④

| + | 8 | 6 | 5 |
|---|---|---|---|
| 9 | 17 | 15 | 14 |
| 3 | 11 | 9 | 8 |
| 7 | 15 | 13 | 12 |

## 83회(110p)

01 13 02 11 03 11 04 12 05 17 06 11 07 11

08 11 09 14 10 12 11 13 12 16 13 12 14 13

15 13 16 13 17 15 18 14 19 18 20 11 21 12

## 84회(111p)

01

| + | 3 | 4 | 6 |
|---|---|---|---|
| 7 | 10 | 11 | 13 |
| 5 | 8 | 9 | 11 |
| 1 | 4 | 5 | 7 |

02

| + | 1 | 9 | 7 |
|---|---|---|---|
| 2 | 3 | 11 | 9 |
| 6 | 7 | 15 | 13 |
| 8 | 9 | 17 | 15 |

03

| + | 6 | 2 | 5 |
|---|---|---|---|
| 4 | 10 | 6 | 9 |
| 0 | 6 | 2 | 5 |
| 9 | 15 | 11 | 14 |

04

| + | 4 | 5 | 9 |
|---|---|---|---|
| 3 | 7 | 8 | 12 |
| 9 | 13 | 14 | 18 |
| 5 | 9 | 10 | 14 |

## 85회(112p)

01 6,5,+,6+5,11 식) 6+5 답) 11

02 4,8,+,4+8.12 식) 4+8 답) 12

03 풀이) 장미 수 = 7송이, 튤울립 = 7송이,

전체 꽃 수 = 장미 수 + 튜울립 수 이므로 식은 7+7이고,

답은 14입니다. 식) 7+7 답) 14

04 풀이) 몸통 나무판 = 9개, 지붕 나무판 = 3개

필요 나무판 수 = 몸통 나무판 + 지붕나무판 이므로

식은 9+3이고 답은 12개 입니다. 식) 9+3 답) 12

## 86회(114p)

01 3,1,4 02 1,6,7

03 6,2,8 04 4,4,8 05 5,3,8

06 1,1,5 07 5,5,8 08 3,3,8

## 87회(115p)

01 5,4,9 02 4,2,6 03 3,5,8 04 8,1,9

05 6,6,7 06 5,5,8 07 7,7,9 08 2,2,8

09 5 (10−8+3=2+3) 10 6 (10−9+5=1+5)

11 9 (10−7+6=3+6) 12 8 (10−6+4=4+4)

## 88회(116p)

01 1,2,8 02 4,2,8

03 6,1,9 04 5,3,7 05 3,3,7

06 1,1,9 07 2,2,8 08 3,3,7

## 89회(117p)

01 5,1,9 02 4,4,6 03 3,2,8 04 6,1,9

05 3,3,7 06 2,2,8 07 1,1,9 08 2,2,8

09 7 (15−5−3=10−3) 10 8 (17−7−2=10−2)

11 8 (16−6−2=10−2) 12 7 (11−1−3=10−3)

## 90회(118p)

01 3,4,7 02 1,2,3 03 2,2,7 04 4,4,7

05 8,1,9 06 6,2,8 07 6,6,4 08 2,2,8

09 7 (10−9+6=1+6, 13−3−5=10−5)

10 8 (10−7+5=3+5, 15−5−2=10−2)

11 8 (10−6+4=4+4, 14−4−2=10−2)

12 9 (10−8+7=2+7, 17−7−1=10−1)

09~12 2가지 방법 중 한가지만 적어도 되지만
2가지 방법 적어 보면 확실하게 이해할 수 있습니다.

## 91회(120p)

01 8 02 6 03 6 04 7 05 7 06 9 07 7

08 9 09 9 10 5 11 9 12 9 13 8 14 8

15 6 16 8 17 6 18 8 19 7 20 9 21 8

## 92회(121p)

01

| − | 5 | 2 | 8 |
|---|---|---|---|
| 8 | 3 | 6 | 0 |
| 10 | 5 | 8 | 2 |
| 18 | 13 | 16 | 10 |

02

| − | 3 | 1 | 4 |
|---|---|---|---|
| 13 | 10 | 12 | 9 |
| 11 | 8 | 10 | 7 |
| 15 | 12 | 14 | 11 |

03

| − | 0 | 7 | 9 |
|---|---|---|---|
| 17 | 17 | 10 | 8 |
| 14 | 14 | 7 | 5 |
| 11 | 11 | 4 | 2 |

04

| − | 8 | 6 | 5 |
|---|---|---|---|
| 9 | 1 | 3 | 4 |
| 12 | 4 | 6 | 7 |
| 13 | 5 | 7 | 8 |

## 93회(122p)

01 7　02 9　03 8　04 7　05 9　06 8　07 7

08 7　09 9　10 6　11 7　12 9　13 8　14 8

15 5　16 5　17 7　18 8　19 9　20 8　21 4

## 94회(123p)

01

| − | 0 | 2 | 6 |
|---|---|---|---|
| 14 | 12 | 10 | 6 |
| 9 | 10 | 8 | 4 |
| 19 | 15 | 13 | 9 |

02

| − | 1 | 3 | 7 |
|---|---|---|---|
| 14 | 11 | 10 | 6 |
| 9 | 6 | 5 | 1 |
| 19 | 16 | 15 | 11 |

03

| − | 1 | 3 | 7 |
|---|---|---|---|
| 13 | 12 | 10 | 6 |
| 8 | 7 | 5 | 1 |
| 17 | 16 | 14 | 10 |

04

| − | 8 | 5 | 9 |
|---|---|---|---|
| 11 | 3 | 6 | 2 |
| 15 | 7 | 10 | 6 |
| 18 | 10 | 13 | 9 |

## 95회(124p)

01 16,9,−,7　식) 16−9　답) 7

02 15,7,15−7,8,8　식) 15−7　답) 8

03 풀이) 처음 도넛 수 = 13개, 하은이에게 준 도넛 수 = 5개,
남은 도넛 수 = 처음 도넛 수 − 하은이 준 도넛 수 이므로
식은 13−5이고, 답은 8입니다.　식) 13−5　답) 8

04 풀이) 처음 사람 수 = 12명, 내린 사람 수 = 8개
남은 사람 수 = 처음 사람 수 − 내린 사람 수 이므로
식은 12−8이고 답은 4명 입니다. 식) 12−8　답) 4

04 다른 층에서 내리는 사람은 없었습니다.

## 96회(126p)

01 ▲, 1　　02 ▲, 2, ▲, 2, ○, 2

03 ▲, 2, ○, 1　　04 ▲, 1, ○, 2

05 ◇, 1　　06 ◇, 2, ◇, 2, 2

07 ◇, 1, ♠, 4　　08 ◇, 2, ♠, 1

## 97회(127p)

01 소시지, 치즈, 1, △□△□△□,121212

02 케이크, 도넛, 2, △△□□△△,112211

03 양, 여우, 3, ○○○×××,111222

04 2, 1, ○○×○○×,112112

## 98회(128p)

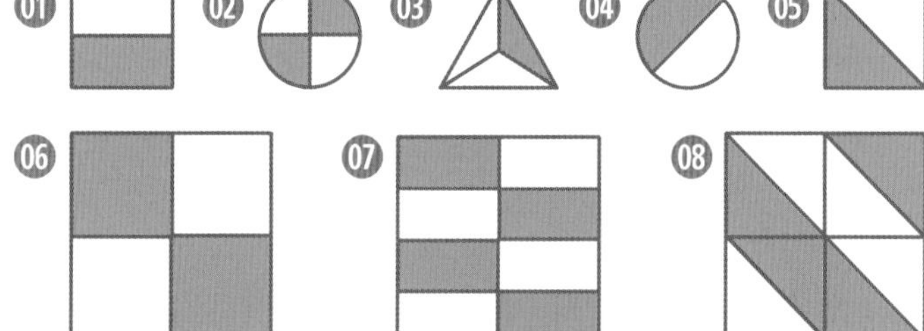

## 99회(129p)

01 34,35,1　02 59,60,1　03 78,80,2,커

04 7,13,3,커　05 70,80,5,커　06 90,86,1,작아

07 20,18,2,작아　08 8,5,3,작아

09 73,53,10,작아　10 60,50,5,작아

## 100회(130p)

01 16,18　02 45,50　03 12,15,18

04 76,74,72　05 20,18,16,14,12

스스로 알아서 하는

# 하루 10분 수학

## 2단계(1학년 2학기) 총정리 8회분 정답지

### 101회(총정리1회, 133p)

01 02

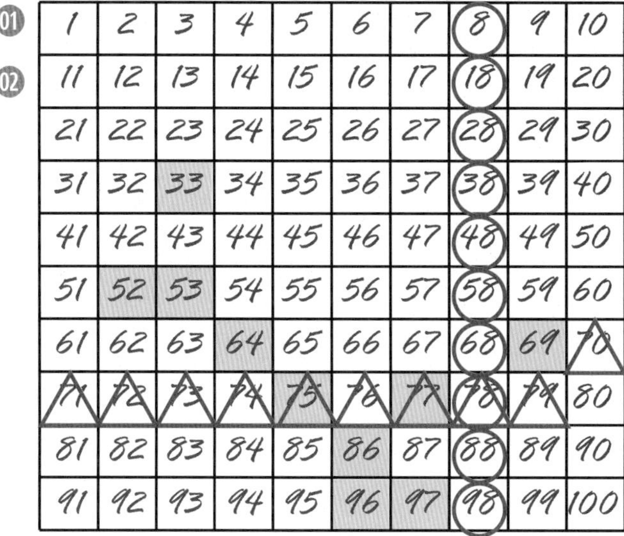

| 1 | 2 | 3 | 4 | 5 | 6 | 7 | 8 | 9 | 10 |
|---|---|---|---|---|---|---|---|---|---|
| 11 | 12 | 13 | 14 | 15 | 16 | 17 | 18 | 19 | 20 |
| 21 | 22 | 23 | 24 | 25 | 26 | 27 | 28 | 29 | 30 |
| 31 | 32 | 33 | 34 | 35 | 36 | 37 | 38 | 39 | 40 |
| 41 | 42 | 43 | 44 | 45 | 46 | 47 | 48 | 49 | 50 |
| 51 | 52 | 53 | 54 | 55 | 56 | 57 | 58 | 59 | 60 |
| 61 | 62 | 63 | 64 | 65 | 66 | 67 | 68 | 69 | 70 |
| 71 | 72 | 73 | 74 | 75 | 76 | 77 | 78 | 79 | 80 |
| 81 | 82 | 83 | 84 | 85 | 86 | 87 | 88 | 89 | 90 |
| 91 | 92 | 93 | 94 | 95 | 96 | 97 | 98 | 99 | 100 |

03 53,69,75,86,97 04 (쉰둘,오십이), (예순넷,육십사), (일흔일곱,칠십칠), (서른셋,삼십삼 ), (아흔여섯,구십육)

05 56,95,73,64

06 (65,63), (78,74), (56,50), (88,80)

07 (83,87), (58,60), (90,100), (66,68)

### 102회(총정리2회, 134p)

01 55 02 49 03 45 04 89 05 95 06 81 07 88 08 47

09 59 10 93 11 58 12 54 13 88 14 57 15 49 16 88

17 89 18 86 19 99 20 99 21 69 22 86 23 58 24 56

### 103회(총정리3회, 135p)

01 30 02 20 03 30 04 70 05 34 06 6 07 10 08 60

09 25 10 41 11 42 12 43 13 2 14 65 15 21 16 36

17 41 18 52 19 19 20 31 21 22 22 65 23 61 24 64

### 104회(총정리4회, 136p)

01 37 02 66 03 55 04 78 05 38

06 94 07 66 08 88 09 86 10 97

11 78 12 78 13 66 14 77 15 87

16 55 17 83 18 99 19 77 20 79

### 105회(총정리5회, 137p)

01 33 02 62 03 33 04 5 05 42

06 34 07 25 08 15 09 33 10 10

11 42 12 11 13 61 14 14 15 32

16 46 17 14 18 51 19 22 20 27

### 106회(총정리6회, 138p)

01 17,19 02 26,29 03 29,24 04 25,21

05 30,42 06 53,87 07 87,42 08 56,43

09 74,42 10 35,12 11 54,1 12 55,30

### 107회(총정리7회, 139p)

01

| + | 9 | 7 | 3 |
|---|---|---|---|
| 7 | 16 | 14 | 10 |
| 9 | 18 | 16 | 12 |
| 6 | 15 | 13 | 9 |

02

| + | 5 | 8 | 6 |
|---|---|---|---|
| 5 | 10 | 13 | 11 |
| 6 | 11 | 14 | 12 |
| 8 | 13 | 16 | 14 |

03

| + | 6 | 4 | 8 |
|---|---|---|---|
| 9 | 15 | 13 | 17 |
| 7 | 13 | 11 | 15 |
| 4 | 10 | 8 | 12 |

04

| + | 7 | 5 | 9 |
|---|---|---|---|
| 6 | 13 | 11 | 15 |
| 9 | 16 | 14 | 18 |
| 5 | 12 | 10 | 14 |

### 108회(총정리8회, 140p)

01

| − | 4 | 6 | 9 |
|---|---|---|---|
| 12 | 8 | 6 | 3 |
| 10 | 6 | 4 | 1 |
| 15 | 11 | 9 | 6 |

02

| − | 5 | 7 | 3 |
|---|---|---|---|
| 14 | 9 | 7 | 11 |
| 9 | 4 | 2 | 6 |
| 19 | 14 | 12 | 16 |

03

| − | 9 | 5 | 2 |
|---|---|---|---|
| 13 | 4 | 8 | 11 |
| 9 | 0 | 4 | 7 |
| 17 | 8 | 12 | 15 |

04

| − | 7 | 4 | 9 |
|---|---|---|---|
| 11 | 4 | 7 | 2 |
| 15 | 8 | 11 | 6 |
| 18 | 11 | 14 | 9 |

이제 1학년 2학기 원리와 계산력 부분을 모두 배웠습니다.
이것을 바탕으로 서술형/사고력 문제도 자신있게 풀어보세요!!!

**수고하셨습니다.**

문의 : WWW.OBOOK.KR (고객센타 : 031-447-5009)

※ 단순사칙연산(덧셈,뺄셈,곱셈,나눗셈)을 더 연습하기 원하시면 www.obook.kr의 자료실(연산엑셀파일)을 이용하세요.

※ 하루 10분 수학을 다하고 다음에 할 것을 정할 때,
수학익힘책을 예습하거나, 복습하는 것을 추천합니다.
수학공부는 교과서, 익힘책, 하루10분수학으로 충분합니다.^^